航天科工出版基金资助出版

U0368235

数字化车间建设管理体系研究与实践

胡 毅 李春芳 洪建凡 张 建 编著

上海交通大学出版社
SHANGHAI JIAO TONG UNIVERSITY PRESS

内容提要

本书结合某公司在智能制造行业的理论研究与实践探索,形成一套标准化的数字化车间"五步实施法"建设管理体系。此体系分为现状评估、方案设计、项目实施、运行维护、流程再造 5 个实施步骤,是一套独特的闭环式高端装备制造行业数字化车间智能建设工业解决方案。本书通过 6 个实际案例,结合"五步实施法"阐述数字化车间建设的具体过程。案例由浅入深、详细、清晰,方便读者更深入地理解数字化车间建设管理体系及具体实施。

本书适合作为高职高专、职业本科院校相关课程的教材,也可作为相关工程技术人员、管理人员研究数字化车间设计和建设的参考用书。

图书在版编目 (CIP) 数据

数字化车间建设管理体系研究与实践 /胡毅等编著.
上海:上海交通大学出版社, 2024.10 -- ISBN 978 - 7 - 313 - 31606 - 6

Ⅰ. F426.4

中国国家版本馆 CIP 数据核字第 2024UR6960 号

数字化车间建设管理体系研究与实践
SHUZIHUA CHEJIAN JIANSHE GUANLI TIXI YANJIU YU SHIJIAN

编　　著:胡　毅　李春芳　洪建凡　张　建

出版发行:上海交通大学出版社	地　　址:上海市番禺路 951 号
邮政编码:200030	电　　话:021 - 64071208
印　　制:上海景条印刷有限公司	经　　销:全国新华书店
开　　本:710 mm×1000 mm　1/16	印　　张:13
字　　数:199 千字	
版　　次:2024 年 10 月第 1 版	印　　次:2024 年 10 月第 1 次印刷
书　　号:ISBN 978 - 7 - 313 - 31606 - 6	
定　　价:48.00 元	

前言

数字化车间主要从制造的现实出发，对制造过程中产生的数据进行数字化，并对它们进行加工处理，产生相关信息，在制造系统中进行存储和交换，从而实现对生产过程的管理和控制。

本书将数字化车间系统架构分为管理层、执行层、操作控制层、设备层等，针对每一层次的主要系统做详细介绍，并明确其在数字化车间中的作用和功能。本书从行业背景出发介绍数字化车间的产生需求及发展历程，通过国内外行业现状进一步阐述数字化车间目前的主流方法和应用功能；同时结合目前国内外最新技术，介绍数字化车间行业的未来发展趋势。

本书结合某公司在智能制造行业的理论研究与实践探索，将数字化车间建设实践经验知识化、模型化、算法化、代码化、软件化，形成一套标准化的数字化车间建设管理体系。该体系可以概括为"五步实施法、十五个功能模块"，是一套独特的闭环式高端装备制造行业数字化车间智能建设工业解决方案。

"五步实施法"分别为现状评估、方案设计、项目实施、运行维护、流程再造五个步骤，对每一步都进行了详细的任务分解，定义了每个步骤的具体工作内容、工作时间、工作方法、责任人、工作成果。

　　本书结合"五步实施法",通过六个实际案例分别阐述生产线建设的具体过程。六个实际案例分别为高端装备制造行业、精密光电产品制造行业、航空食品加工行业、特种电缆制造行业、轻工制鞋行业、核废料处理行业案例。实际案例由浅入深、详细、清晰,方便读者更深入地理解数字化车间建设管理体系及具体实施。

目　录

第1章

数字化车间简介

随着大数据、云计算、边缘计算的兴起,数字化车间成为制造业发展的重大趋势之一[1]。数字化车间的核心是智能制造,它融合了数控技术、信息化技术、自动化技术、人工智能技术。《中国制造2025》中明确提出数字化车间是基于信息技术、测控技术、人工智能技术等先进手段,从"人、机、料、法、环、测"等生产设备、生产资源、工艺流程、生产设计方面,对车间运行及人员进行精细有效的数字化规划管理控制,使制造过程智能化。智能集成自动化系统是在工业自动化生产制造系统的基础上,结合现代工业控制技术和应用而形成的。它是利用局部网络或互联网等技术手段将传感器、控制器、执行机构、人和物之间以全新的方式联系起来,将人和人、人和物、物和物联系起来,形成信息化、远程管理控制和智能化的网络。

数字化车间的概念涉及物联网、人工智能、自动化控制系统等多个领域的技术与思想,能够通过产品的生产与加工来实现原料的生产性转化[2]。数字化车间利用上述技术可以实现实时监测、数据采集、数据分析、预测维护、产能优化、排程调度、设备智能控制、自动化、虚拟仿真和可视化管理等功能。数字化车间有助于制造企业提高生产效率、降低成本、提升产品质量、提供更灵活、长效的制造方式。同时,为企业实现智能制造,数字化车间提供了更多可行性数据和决策支持。数字化车间的目标是构建数字化环境,实现设施生产制造的自动化和智能化。这不仅对产品的设计和制造起到了迅速而高效的辅助作用,同时也使整个生产流程具有直观性。此外,通过建立数字化车间模型,达到调度仿真,优劣势辩证等目的,以确保产品在投入生产之前得到全面验证。

数字化车间需要构建一个基本的通信网络,负责各个层级之间的信息传递工作;并以通信网络为基础,构建一个制造企业的数字通信网络,把每一个层级的车间网络都联系在一起,再把数字通信网络和广域网结合在一起。数字化车间的标准体系框架可划分为管理层、执行层、操作控制层和设备层4个层次[3],数字化车间信息管理模型架构如图1-1所示。管理层制订策略,即管理层依据企业资源计划(enterprise resource planning, ERP)进行信息资源、财务管理等工作,然后将决策传递到执行层。执行层根据管理层的决策将计划细分,并利用制造执行系统(manufacturing execution system,MES)进行物料管理、计划管理等工作,同时利用仓库管理系统(warehouse management system)盘点库存物料。操作控制层中智能制造设备、智慧物流设备、智能传感器等由分布式数字控制(distribute numerical control,DNC)、数据采集与监控系统(supervisory control and data acquisition,SCADA)进行监控,并与制造执行系统及仓库管理系统进行车间信息交互以达到信息交互的作用。以构建车间内部通信网络架构为基础,以逐步健全工厂级工业互联网为手段,将关键技术装备、关键信息化管理系统、市场需求与企业制造互联,实现MES、WMS等的互联互通,以构建数字化车间为目标,同时依托云平台构建全产业链智慧制造服务支撑系统。以MES为核心技术实现生产过程数字化、透明化控制,使车间生产过程智能化、自动化、可视化。

1.1 管理层

管理层主要包括 ERP、PLM[①] 两部分。它综合运用先进技术配置整合企业的多方资源,给管理者一个有效的管理平台。利用 PLM,可解决生产过程信息管理不够规范、业务之间协同性较差等诸多问题。通过运用现代化信息技术,在企业的生产资源、信息资源,以及管理指令这些业务流程上设置一个单独的信息化管理系统模块单元。该单元主要是面向生产过程生产资料、制造流程、产品组装以及物流管理,以达到各个信息化管理系统模

[①] PLM,产品生命周期管理 product lifecycle management。

图 1-1　数字化车间信息管理模型架构

块单元间数据实时传输与实时共享的目的,从而达到从产品研发、产品设计、产品生产,以及后期产品检验与物流运输均可以交互式管理的目的,使企业的数字化生产过程变成数字化管理。此层信息传输时间等级为月、周、日。

1.1.1 企业资源计划

企业资源计划(ERP)是计算机软件技术性进步与企业运营和管理紧密结合的新型产物。ERP完善了企业内部之间的工作流程,规范了企业内容,运用企业管理决策的理念来管理企业货运物流、产品信息流和财务资金流。ERP的基本功能与企业业务流程管理息息相关,包含关键功能模块和拓展控制模块。财务管理、销售管理、成本管理等都是ERP的关键功能。ERP工作流程如图1-2所示。

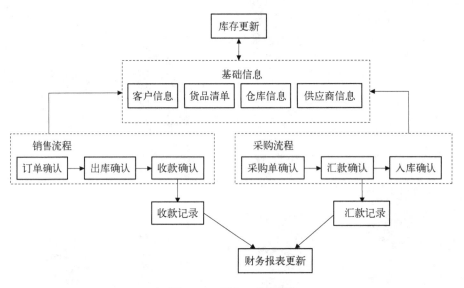

图1-2 ERP工作流程

ERP是企业资源管理系统之一,可以对物料、资金、人工等信息资源进行集成与管理。以ERP为载体,推进研、产、供、销的企业价值链智能化,实现企业经营管理数字化[4]。企业各个部门都能够根据实际需要,结合自身部门特点合理地选择其报表类型上传至系统,以更加直观、具体地表达所需要传达的内容。管理层也能够根据ERP所提供的情况查看各个部门的情况,以此为基础进行管理与决策。ERP指引其企业管理发展方向,管理不但要体现整体性思想,还要使各业务流程精益化。想要达到预期管理高度需要有先进的技术支持、不断更新升级的软件产品、与时俱进的管理理念,以及将创新与实践相统一。ERP 的管理思想具体如下:

（1）统一经营的思想。在当前社会经济高速发展阶段,大中型企业间竞争不断加剧,行业内资源较少,资本市场资金量有限,而 ERP 则在企业经营过程中对企业产品的生产、销售市场和财务管理进行了有效管控,逐层把关,细化各工序,关联各项业务,最后形成了一套统一高效的管理体系。

（2）精益求精的思想。ERP 作为一种高级管理技术平台,能够针对客户业务的实际需要自定义操作系统。在自定义 ERP 下,能够整合使用内外部资源,在系统设置时,通过统一管理达到精细化要求。用户的需求是随着市场的变化而变化的,这需要 ERP 紧跟用户的需求进行持续改进和优化,使企业的管理更清晰、更精细和更有效。

（3）整体管理的思想。ERP 的强大管理功能不仅仅表现在独立模块功能完善和业务流程点对点的精细化管理上,还表现在企业整体的整合管理上。ERP 中系统管理规则依托于先进的信息技术,将生产、营销等各个环节串联起来,从而构成一个统一的整体,树立了企业整体管理的理念,给企业的发展带来了新的思考。

（4）供应链资源的管理思想。在经济全球化和混合型经济发展阶段,产销逐渐跨区域、跨国界。每个企业需要和上下游,以及产销供应链之间建立密切的联系,ERP 实现了对供应链的管理,为企业参与市场竞争提供了强有力的支撑,实现了供应链上企业的价值增值。

1.1.2　产品生命周期管理

产品生命周期管理(PLM)这款软件以产品为中心,利用应用软件作为工具,帮助企业全面管理产品信息,包含多种要素,如流程和信息等,以提供更全面的功能和支撑。PLM 的核心功能如图 1-3 所示,包括以工艺设计、工艺信息管理、工艺图表管理为主要内容的数字化工艺模块,以产品设计管理、配置管理、产品物料清单(bill of material, BOM)视图管理等为主要内容的数字化设计模块。当前 PLM 能从多个维度对动力产品线的数据进行管控,不仅能够按照产品结构存储数据,也可以用更多的数据形式描述企业的运行管理流程。

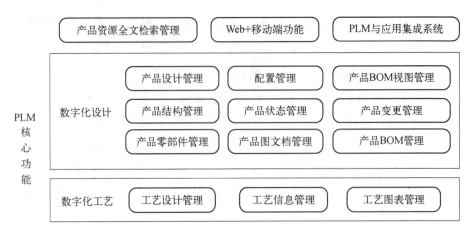

图 1 - 3 PLM 的核心功能

其中,数字化设计通过模块化的设计研发管理平台进行产品设计管理和配置管理,通过物联网收集的产品运行数据进行产品状态管理。数字化工艺基于云计算技术的智能化工艺设计协作平台实现工艺设计管理、信息管理和图表管理。PLM 专门在数字化车间中实现数字化研发、数字化制造、数字化试验、数字化维护等多方面信息交互,为企业多部门保证数据一致性及完全可追溯性。

1.2 执行层

执行层主要涵盖 MES、WMS 两部分。MES 作为车间层管理信息系统,处于上层计划管理系统与底层工业控制系统之间,保证关键任务信息在企业内部与供应商间双向流动。WMS 既能协助企业对当地个别仓库实现电子化管理,又能协助企业实现对全国、异地多个仓库的远程商品精细化管理。此层信息传输的时间等级应为日、h、min。

1.2.1 制造执行系统

作为数字化车间的核心,制造执行系统(MES)有着提高投资回报、净利润水平及现金流,提高库存周转速度及确保准时发货的重要作用。该系统能够在车间执行层进行信息化生产管理[5],包括生产中的数据管理、调度管理、采购管理、质量管理、过程控制、设备管理、工装工具管理、人员管理,以及成本管理等,以实现精益生产这一管理目标。MES 功能架构如图 1-4 所示。

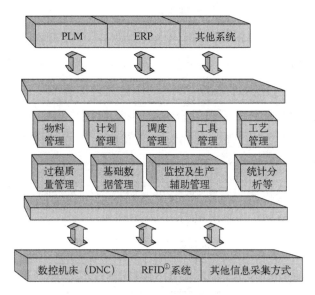

图 1-4　MES 功能架构

在通过 MES 进行数字车间生产管理的过程中,运行步骤主要包括以下几个方面:

一是工厂需要先预测中长期市场产品需求,规划中长期的资源需求。然后再以此为基础,通过 MES 合理制订生产大纲,从而为后续的生产提供科学指导。二是根据拟定的生产大纲和成品库存及订单量的实际状况,依据"瓶颈"资源编制生产能力计划,通过对实际产量的反馈修正生产计划。三是在制订生产计划的基础上,利用"瓶颈"资源,并结合当前产品物料库存、物料清单等情况,确定各类产品实际生产和物料需求情况,并对物料采购和生产计划进行合理修正。四是按照拟定的方案,利用 MES 对生产执行过程实施控制,以各类偏差和"瓶颈"等资源为依据,合理地调度生产作业。五是以订单方式产生车间生产计划,并通过看板系统发出生产指令。在生产

---

　　① 射频识别,radio frequency identification。

过程中通过 MES 实时采集现场材料、设备及人员信息,实时传输并反馈到生产调度系统中,从而根据实际情况与"瓶颈"最大限度地利用资源的标准相结合,不断完善生产过程。这样,就可以实现工厂整个生产过程精益管理。

1.2.2 仓库管理系统

仓库管理系统(WMS)综合运用出入库业务、仓库调拨和虚拟管理等功能,有效地完成管理批次、物料对应、库存盘点、质检、虚仓和即时库存等任务[6]。作为一个业务操作系统,WMS 用于管理库存商品和处理优先权。通过运用先进的仓储技术手段结合终端网络,以用户自定义作为优先原则,WMS 优化提升了仓库作业效率和空间的利用率。该系统借助后台的终端网络,并通过电子数据交换(electronic data interchange,EDI)等电子媒介与联网企业的计算机主机连接,以订单原始数据作为基础,由主机下达收货和发货的指令。WMS 功能模块如图 1-5 所示。

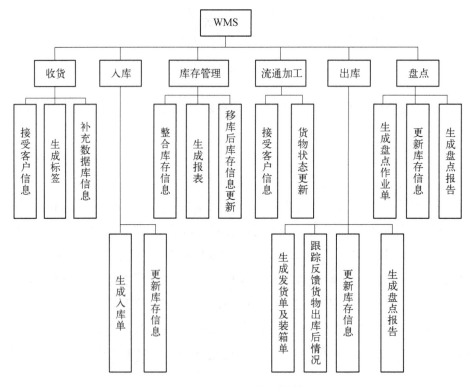

图 1-5　WMS 功能模块

WMS 能准确地反映企业的现状与定期活动情况,测量存货水平并对管理进行及时、迅速地反馈。这一制度强调在异常情况的基础上凸显问题与机遇。入库及出库作业过程是仓储管理系统中最为重要的作业过程,通过与供应链的交互实现跨企业库存管理、货物管理及运输管理。WMS 以提高企业仓储管理能力为目标,是一个以过程为导向的标准化、智能化管理仓库软件,其作用无可替代,可以对客户订单、采购订单进行精确、有效的管理与追踪,并对仓库进行全面管理。WMS 的应用使仓库管理模式发生了革命性的变化,为用户带来了极大的利益。

1.3 操作控制层

操作控制层主要包括 DNC、DCS 和 SCADA。DNC 大幅提高数控设备利用率,可以减少数控设备准备时间;DCS 作为计算机系统,它整合了计算机、通信、显示和控制的过程控制和监控;SCADA 多系统共同协作实现面向智能制造加工过程的监视和控制,定义了对生产制造过程进行监视和控制的活动。此层信息传输的时间等级应为 min、s、ms。

1.3.1 分布式数字控制系统

在常规情况下,多台数控机床均装备有单独的数控设备,每台数控设备负责对其相连机床进行控制。这种集中式控制方式有时候会有一定的局限性,如不能对大型数控设备进行有效管理、数据传输速度较慢等。分布式数字控制(DNC)技术利用计算机网络及专用软件解决了上述难题。它使多台数控机床与一台主控台或者服务器相连,控制程序及有关数据经网络传送给各机床,从而使操作员能够通过中央服务器对全部机床进行集中管理与控制,提高了生产的效率与灵活性。

采用 DNC 技术后,操作人员可以很方便地将数控程序由服务器发送到具体机床中,不需要人工进行复制与传递。另外,DNC 支持对机床状态进行实时监控、故障诊断及远程维护,便于设备管理与维修。同时,DNC 技术也能提供较快数据传输速度和对大容量程序快速发送的支持。从整体上看，DNC 使多台数控机床管理更灵活、效率更高，生产效率与质量得到提升。

该技术实现了车间全面网络化管理，构建了多样化的车间网络系统，以适应不同的生产需要，杜绝了数控设备信息孤岛现象，完全改变了数控设备单机通信方式和集中管理及控制。DNC 使用方便、可靠性高，实现了数字控制（numerical control，NC）程序传输的全自动功能，使数控设备的利用率实现了最大化，废品率显著降低。DNC 规避了程序错误，为产品质量提供了基本保证，也减轻了工作人员的劳动强度。服务器端实现了无人值守，设备端实现了全自动远程传输的功能，操作人员可以完成设备旁边的远程调用、比对上传的功能，缩短了奔波的时间，使车间的场地更整洁。

1.3.2　分布式控制系统

分布式控制系统（DCS）由多个分布式控制器、传感器、执行器和人机界面组成，它们通过高速通信网络连接在一起。这样的架构使得 DCS 能够处理大量实时数据，进行复杂的逻辑运算，并能够对整个工业过程进行集中管理和控制。DCS 具有以下特点：

（1）分布式架构：采用分布式架构，将控制和管理功能分散在多个节点上。这种架构使得系统更加可靠和可扩展，并且能够提供高度灵活性和容错性。

（2）实时性：能够实时采集和处理众多的过程数据，并能够快速响应和控制，对于工业生产过程中对实时性要求较高的场景非常重要。

（3）高度集成：能够与传感器、执行器、可编程逻辑控制器（programmable logic controller，PLC）等设备进行高度集成，实现对工业过程的全面监控和控制。

（4）可靠性和容错性：具备冗余设计和故障恢复机制，确保系统在出现故障或断电时能够继续正常运行，提高工业生产的可靠性。

（5）灵活性和可扩展性：可以根据实际需要进行灵活的配置和扩展。它可以适应各种规模和复杂度的工业生产过程，并能够满足不同行业的需求。

（6）用户友好的界面：通常配备直观友好的人机界面，使得操作和监控变得更加简单和易于使用。

作为一种先进的控制系统,DCS 基于微处理机,具有危险分散、操作和管理集中的特点。它结合了计算机技术、通信技术、图形显示阴极射线管(CRT)技术和控制技术,形成了 4C 技术。随着目前计算机和通信网络技术的进步,DCS 具有多元化、网络化、开放化和集成管理的发展趋势,已成为过程工业自动控制的主流。

1.3.3　数据采集与监控系统

数据采集与监控(SCADA)系统涉及组态软件、数据传输链路[如数传电台、通用分组无线服务(general packet radio service, GPRS)等]。它以计算机为核心,以 DCS 和电力自动化为核心监控系统。SCADA 系统的应用领域十分广泛,可以用于电力、冶金、燃气和铁路等众多领域的数据采集、监视控制和过程控制任务。SCADA 系统是远动系统的重要组成部分,它可以监控现场运行设备、数据采集、设备控制、参数调节及各种信号报警,这就是所说的"四遥"。

(1) 监控。SCADA 系统用来对特定过程和行动进行监控。监控系统的主要功能是将现场采集到的数据与操作人员进行沟通。SCADA 系统属于事件驱动型,其目的并不在于积极地实现先进的工艺控制。它会对即时事件做出反应,如警告装置过热,它会自动或手动远程关闭设备。

(2) 工业控制。SCADA 系统是工业控制系统(industrial control system, ICS)的重要组成部分,ICS 包括但不限于 SCADA 和 DCS、工业自动化和控制系统(IACS)、PLC、可编程自动化控制器(programmable automation controller, PAC)、远程终端单元(remote terminal unit, RTU)、控制服务器、智能电子设备(integrated electronic drive, IED)和传感器。

(3) 遥控。SCADA 系统使用遥测技术来获取、分析、存储和报告现场设备的状态和测量数据。

(4) 数据采集。在 SCADA 系统中,数据采集就是从远端(输入)采集到信息,并经现场控制器传送给中央控制中心的一个处理过程。传感器的类型包括移动、温度、压力、振动等。采集到的数据经过分析处理,可用于对执行器进行遥控(输出)。

（5）过程控制与过程自动化。过程自动化是指利用不同技术将某些流程自动化，主要针对重复性的、复杂的或者危险级别较高的工作。

（6）报警。报警是 SCADA 系统的一个关键功能。警报是通知操作员有关事件，范围从日常维护提醒到紧急警报。一些常见的紧急 SCADA 警报触发器是设备故障、系统停机时间和所需设备指标的偏差。SCADA 警报可能会提供有关性能不佳和操作不合规的通知。SCADA 系统适用于各种工业领域，小到超市连锁店的制冷设备，大到监测全国电力网的复杂设备。对于那些要求大规模运算、经常进行干涉或者要求即时进行远距离维修的重资产系统来说，SCADA 系统是十分重要的。

1.4 设备层

实现面向智能制造加工过程的现场设备，这些现场设备可包括各种传感器、执行器、RFID 等，还可包括各种类型的 CNC、柔性制造系统（flexible manufacturing system，FMS）、工业机器人、数字化检测设备、数字化装配设备、智能仓储和物流设备、自动导引车（automated guided vehicle，AGV）等制造装备。此层信息传输的时间等级应为 s、ms、μs。当前制造装备大体分为如下 7 种类型（见表 1-1）：

表 1-1 智能制造设备分类

序号	类 别	具 体 内 容
1	机器人和自动化设备	工业机器人、协作机器人、无人驾驶车辆、自动化装配线、自动包装机等
2	智能传感器和感知设备	温度传感器、湿度传感器、压力传感器、光学传感器、运动传感器等，用于实时数据采集和环境感知
3	自动化控制系统	包括 PLC、DCS、SCADA、MES 等，用于实现生产过程的自动化控制和监控
4	先进加工设备	包括数控机床、3D 打印机、激光切割机、电火花加工机、水刀切割机等，用于高精度、高效率的零部件加工和成型

续　表

序号	类　别	具 体 内 容
5	物联网设备	包括传感器节点、通信设备、云平台等,用于连接和管理智能制造设备,实现设备之间的信息交互和协同操作
6	虚拟仿真设备	包括数字孪生技术、虚拟现实技术等,用于在虚拟环境中进行产品设计、生产线布局优化、工艺仿真等
7	数据分析与智能算法设备	包括大数据平台、人工智能算法、深度学习模型等,用于对生产数据进行实时监测、分析和优化决策

1.4.1　智能制造设备

智能制造对提升制造业质量水平具有十分重要的意义,对于夯实实体经济、构建现代产业体系、实现新型工业化等都有着十分重要的意义。目前,供给能力持续增强,智能制造装备市场满足率突破 50%。智能制造涵盖设计、加工、装配等环节的制造活动[7],从技术层面上看,智能制造已经获得突破性进展,主要涉及产品优化设计及全流程仿真、机理与数据驱动混合建模,以及多目标协同优化基础技术;先进工艺技术,如增材制造、超精密加工、近净成形、分子级物性表征;工业现场多维智能感知,如基于人机协作的制造工艺优化、设备和制造工艺数字孪生、品质在线精密检测、制造工艺精益管控;新技术,如 5G①、人工智能、大数据、边缘计算等在典型行业中具有广泛的适用性,可以应用于质量检测、过程控制、工艺优化、计划调度、设备运维和管理决策等方面。

实践中需积极推进智能制造装备研发,强化产学研合作,破解感知、管控、决策和实施中存在的不足。通过建设智能车间,可以促进通用和专用智能制造装备的快速开发和更新;同时,还能推动数字孪生和人工智能等新技术的创新和应用,并开发一批在国际上处于领先地位的新型智能制造装备。

1.4.2　智慧物流设备

智慧物流设备指的是应用先进技术和智能化手段提升物流运作效率和

---

① 第五代移动通信技术,fifth-generation。

管理水平的设备。这些设备可以包括自动化仓储系统、智能搬运机器人、无人驾驶物流车辆、智能分拣系统、物流追踪与监控系统等。通过采用自动化、智能化的技术，智慧物流设备可以实现物流流程的精确控制、高效执行和数据化管理，提升物流效率和准确性，降低成本，并满足日益增长的物流需求。

目前，我国物流技术装备系统已呈现单元级智能硬件，系统级智能仓储，平台级电商物流智慧大脑管理平台等层级功能进化态势。① 单元级是一个信息物理系统中最小的单元，有着不可分割性，可为零件，也可为制品，如物流机器人、配送机器人和无人叉车是智能硬件单元级的物流装备。② 系统级是"一个坚硬，一个柔软，一个网罗"的有机结合。它由若干物流智能硬件及功能模块单元通过网络系统集成在一起，在较大范围、较大领域内实现数据的自动流动、硬件间相互映射及互操作等功能，从而构成了一个相互连接、相互沟通、相互运行的系统级物流技术装备体系，如由机器人、AGV、传送带等构成的智能仓储系统、无人仓系统等都是系统级的物流技术装备体系。③ 平台级是多个和多层次的系统级物流系统实现数据互联、网络相通、数据共享云仓互联的有机组合，覆盖"一个坚硬，一个柔软，一个网络，一个平台"四个要素，构成智慧物流平台系统，如菜鸟和京东智慧物流大脑系统。

智慧物流平台将各区域智慧仓储、智能硬件联系起来，从全局层面实现对信息的全面感知、深度分析、科学决策与精准执行。智慧物流以软件系统为基础，不论是计划、管理，还是自动识别、自动控制和自主决策都必须有软件作为支撑。智慧物流设备的广泛应用有利于提升物流效率、降低成本、提高准确性和可靠性，增强物流安全性，并支持可持续发展，对于提升整体物流行业的竞争力和可持续发展具有重要的意义。

1.4.3 智能传感器

智能传感器是一种集成了感知、处理和通信功能的智能设备，用于检测和感知环境中的各种物理量或事件，并将其转化为可用的数字信号进行处理和传输。智能传感器通过使用成熟的传感技术和先进的微电子技术，能够实现更高级的感知和响应能力。

智能传感器系统包括传统的传感器、微处理器等电路。传感器把测量结果转换成模拟信号后，再经滤波、放大及模数转换处理后送入微处理器分析并保存。微处理器至关重要的作用是通过反馈回路调节传感器及信号处理电路以达到控制与调节检测过程的目的。同时，微处理器输出结果至界面并显示记录以供后续运算。微处理器协调作用使智能传感器智能化，传感器性能显著改善。智能传感器结构如图 1-6 所示。

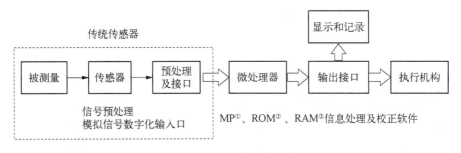

图 1-6　智能传感器结构

最近几年，智能传感器是一个新兴的发展方向，相对于传统传感器而言，其将传感器数据经过处理后，对处理结果进行分析存储，以及长距离传输，从而使检测变得更加迅速和智能。智能传感器在各个领域中得到广泛应用，如工业控制、环境监测、智能家居、交通系统、医疗健康等，为实现智能化、自动化和互联互通的系统提供了重要的感知和数据基础。智能传感器将处理后的数字信号进行输出而不只是对原始信号进行发送，以降低后续系统对于数据的处理压力，目前智能传感器的发展方向是小型化、自动化和共享化，操作门槛更低，使非专业人员以较低的成本享受到传统传感器的部分功能。

---

① 多处理器，multiprocessor。
② 只读存储器，read-only memory。
③ 随机存储器，random access memory。

第2章

数字化车间形式分析

由于工业 4.0 概念的提出、信息技术的快速发展、生产需求的变化、资源和成本压力，以及对高效管理和决策支持的需求，数字化车间在近年来迅速兴起。数字化车间为制造业提供了一种先进、智能和可持续的生产模式，在提升企业竞争力和适应市场变化方面具有重要意义。综上所述，数字化车间是指在制造业中应用先进的信息技术和数字化解决方案来优化生产流程、提高生产效率和质量的一种生产模式。

（1）工业 4.0 的提出。工业 4.0 是指第四次工业革命，它是在信息技术、物联网和人工智能的基础上，通过数字化、自动化和智能化的手段，实现生产、制造和管理的全面升级与变革。工业 4.0 通过互联网、物联网和人工智能等先进技术，将物理系统与数字系统相互连接，实现智能化、自动化和灵活化的生产方式。工业 4.0 的核心特征包括物联网、云计算、大数据、人工智能和机器人技术的应用。通过将设备、产品和系统连接到互联网，实现数据的采集、传输和分析，从而实现生产过程的实时监控和调控。同时，利用大数据技术对海量数据进行挖掘和分析，可以为企业提供更精准的决策支持和预测能力。人工智能和机器人技术的应用，可以实现生产线的智能化和自动化，提高生产效率和质量。

工业 4.0 的目标是建立一个灵活、高效、智能和可持续发展的工业生产模式。它将带来生产方式的革新，推动传统工业向数字化、网络化和智能化转型。通过工业 4.0 的实施，企业可以实现资源的优化配置，降低生产成本，提高生产效率和竞争力。同时，工业 4.0 也将促进产业结构的升级和转型，推动经济的可持续发展。工业 4.0 概念的提出推动了制造业向数字化转型的浪潮,数字化车间应运而生。

（2）信息技术的快速发展。计算机技术、云计算、大数据分析、物联网、人工智能等技术的快速发展和成熟应用为实现数字化车间提供了强有力的技术支持,主要表现在以下方面:

① 数据采集和实时监控。通过传感器和物联网技术,可以实时采集车间各种设备和系统的数据,包括生产状态、设备运行情况等,这些数据可以通过云计算和大数据分析进行实时监控和分析,从而实现对生产过程的全面把控和优化。

② 自动化和智能化生产。利用先进的机器人技术和自动化设备,可以实现生产线的自动化操作和智能化控制。通过与信息系统的无缝集成,生产过程可以更加准确、高效和灵活地进行,减少了人为因素的干扰和误差。

③ 虚拟仿真和协同设计,借助虚拟现实（virtual reality，VR）和增强现实（augmented reality，AR）技术,可以在数字化车间中进行产品设计、工艺优化和生产线布局的虚拟仿真,这使得企业可以在实际生产之前进行全面测试和优化,减少了成本和时间,同时通过协同设计工具和平台,不同部门和团队之间可以实现实时协作和信息共享。

④ 远程监控和维护。信息技术的发展使得远程监控和维护成为可能,通过远程监控系统,可以实时追踪设备状态、预测故障并进行远程干预,这有效地提高了设备的可靠性和稳定性,减少了停机时间和生产损失。

⑤ 管理决策支持。信息技术为数字化车间提供了更全面、准确和实时的数据分析能力,管理人员可以根据这些数据分析结果做出更明智的决策,包括生产调度、资源配置、质量管理等方面,从而提高整体生产效率和企业的竞争力。

这些技术的结合使得制造企业可以收集、处理和分析大量的生产数据,并将其应用于生产过程的优化和控制。

（3）生产需求的变化。全球市场的竞争加剧、个性化需求的增加,以及产品更新换代的加速,对制造业提出了更高的要求。数字化车间可以提供更灵活、高效和定制化的生产能力,满足消费者多样化的需求。

（4）资源和成本压力。数字化车间可以通过实时监控和数据分析来优化生产过程,减少资源的浪费和能源的消耗,从而提高资源利用效率并降低生产成本。对于面临资源和成本压力的企业来说,数字化车间具有显著的吸引力。

(5)高效管理和决策支持。数字化车间提供了实时、准确的生产数据和指标,为企业管理层提供科学决策的依据。通过数据分析和预测,企业可以更好地进行生产计划和资源配置,并及时调整生产策略以应对市场变化。

2.1　数字化车间基本要求

(1)数字化要求。数字化车间是指生产设备数字化、生产信息采集、生产资源识别、生产现场可视化、生产流程数字化。首先,生产设备数字化是指将传统的机械设备转变为数字化设备,通过数字控制和自动化技术实现设备的智能化和灵活性。其次,生产信息采集涉及对生产过程中各种数据和信息的实时采集、存储和分析,以便进行生产效率分析和优化。第三,生产资源识别要求通过标识技术,如条码、RFID 等,对生产过程中所涉及的原材料、零部件和成品进行追踪和管理,以确保生产资源的准确识别和有效利用。第四,生产现场可视化意味着通过显示屏、仪表盘等方式,将生产现场的各项指标、状态和进展以直观的方式展示出来,便于监控和管理。最后,生产流程数字化要求将整个生产流程进行数字化建模和管理,以实现生产过程的自动化控制和优化。通过满足这些数字化要求,数字化车间能够提高生产效率、降低成本、提升质量,并实现智能化和可持续发展。

(2)网络要求。数字车间必须具备联网功能,能够实现设备、生产资源和系统间的信息交互。首先,数字化车间需要建立稳定可靠的网络基础设施,包括局域网、无线网络等,以确保各个设备和系统能够互相连接和通信。其次,数字化车间需要采用适当的网络协议和通信标准,以实现设备间的数据传输和信息交换。同时,数字化车间需要保障网络安全并需要具备数据存储和处理能力。通过满足这些网络要求,数字化车间能够实现设备之间的远程监控和控制,实现生产资源的实时调度和优化,并提供数据支持和决策依据,进一步提升生产效率和质量水平。

（3）系统要求。数字化车间必须配备制造执行系统或其他信息化生产管理体系,以支持生产运作管理。制造执行系统是一种集成的软件平台,用于监控和管理生产过程中的各个环节和任务。它能够实时收集和分析生产数据,提供实时的生产状态和性能指标,支持生产计划的制订和调整,协调各个部门和岗位之间的合作,以确保生产过程的高效运行和优化。通过配备制造执行系统或其他信息化生产管理体系,数字化车间能够实现生产运作的智能化和可视化,提高生产计划的准确性和响应速度,降低生产成本,提升产品质量和客户满意度。

（4）集成要求。在数字化车间中,要在执行层和基础层之间、执行层和管理层之间实现信息的整合。这种信息整合包括多个方面,首先是在执行层和基础层之间的整合,即将生产设备、传感器和控制系统等基础设施的数据和信息与执行层的 MES 或其他信息化管理系统相连接和整合。这样可以实现生产过程的实时监控和控制,提高生产效率和质量水平。其次在执行层和管理层之间的信息整合也至关重要,这涉及将 MES 所收集的生产数据和信息与 ERP 或其他管理信息系统相整合,以支持企业决策和运营管理。通过这种信息整合,管理层可以实时了解生产状况,对生产计划进行调整,优化资源配置,提高生产效率和市场响应能力。

（5）安全要求。对数字化车间进行危害分析与风险评价,制订车间的安全控制与数字管理计划,并进行数字化的生产安全控制。首先,进行危害分析和风险评价是数字化车间安全控制的关键步骤。通过对生产流程、设备设施、人员操作等方面的分析,确定可能存在的安全隐患和事故风险,进而制订相应的安全控制措施和应急响应预案。这种风险评价需要综合考虑生产过程的各个环节和影响因素,以确保数字化车间的生产安全达到最高水平。其次,针对数字化车间的特点,需要制订安全控制和数字管理计划,包括控制设备运行状态、保证数据的完整性和安全性、加强网络安全保障等方面。这些措施可以通过技术手段和管理制度相结合,确保数字化车间的信息系统和物理系统双重安全。最后,数字化车间的生产安全控制需要实现数字化管理。通过数字化生产安全控制,可以实现事故预警和风险控制的精细化管理,提高生产安全的可靠性和稳定性。

2.2 数字化车间现状

2.2.1 国外现状

国外的数字化车间发展起步较早,正在朝着高效率和高信息化的方向不断进步,尤其在智能化水平方面表现突出。北美市场被认为是全球最大的数字化市场之一,主要涵盖医疗设备、国防科技、航天等生产制造领域。早在 2010 年,美国就提出了"先进制造联盟"来提升工业效率、节省制造成本,并大力推进智能化制造。这一举措极大地扩大了 MES 市场需求。以通用电气提出"卓越工厂"建设模式为代表,即以互联网为基础,构建贯穿设计、生产、物流、销售、服务等全过程的数据链条,对生产过程中的数据进行实时采集、分析和优化,从而达到提高生产效率和质量的目的。与此同时,欧洲制造企业更加注重能耗和生产效率等指标。早在 20 世纪初,欧盟[①]就提出了"制造明天的竞争力"倡议,旨在提高制造业生产效率,推动数字化、智能化和自动化集成。例如,法国泰雷兹股份有限公司为加快公司和其顾客的数字化改造,推出了一家高技术"数字工厂"。CRATOS 是一种多功能协同机器人,它是第一台可应用于复杂电子器件的人机协同机器人。由于其精密的构造和灵活的操作方式,在组装电子器件和机械部件时,可以极大地减少组装的时间,从而提高组装的质量。这些早期的发展为国外数字化车间奠定了良好的基础。近年来,国外的数字化车间取得了显著进展。许多国家相继实现了机器人制造车间的全天候生产,真正实现了高度智能化。从计划制订、产品生产到物资输送的整个流程基本实现了自动化。可以说,在世界范围内,国外的数字化车间在促进制造业转型升级方面处于领先地位,并为全球数字化车间的发展树立了榜样。

数字化车间在国外已经得到广泛应用,采用物联网、云计算、大数据分析、人工智能和机器人技术等先进技术;数字化车间推动了许多国外制造业

---

① 欧洲联盟。

的智能制造转型,实现定制化生产、快速响应客户需求,并提高产品质量和生产效率;工业互联网的兴起使企业可以通过数据的实时监测、分析和共享来优化生产计划、预测维护需求,并提供智能决策支持;数字化车间促进了不同行业之间的合作与创新,通过数字化平台和数据共享,加速新产品开发和市场推广;国外各国注重人才培养和政策支持,提供相关技术培训、研发资金和税收优惠等措施,培养数字化车间领域的专业人才,为其发展提供支持。以下为数字化车间在国外发展现状的几个主要特点。

(1)成熟应用。在许多发达国家,如美国、德国、日本等,数字化车间已经得到了广泛应用并进入成熟阶段。这些国家在制造业和工业技术方面具有较为雄厚的实力,在数字化车间的技术研发和应用方面处于领先地位。

(2)行业多样性。国外数字化车间的应用范围更广,涵盖了各个行业,包括制造业、航空航天、化工、医药等。不同行业的数字化车间应用也展现出一定的差异性,根据行业需求进行了更加精细化的解决方案设计与实施。

(3)技术创新。国外一些企业和科研机构在数字化车间的技术创新方面取得了显著成果。例如,他们在人工智能、机器学习、物联网和虚拟现实等方面的研究与应用,为数字化车间提供了更多先进的技术手段和工具。

2.2.2　国内现状

数字化车间在国内的起步相对较晚。早期国内的数字化车间定位于计划层和现场自动化系统之间的执行层,主要负责生产管理和调度执行。生产控制和上层计划是独立的,通常采用人工设计计划,由自动化设备进行生产。然而近年来,我国政府积极推进制造业信息化水平提升,包括设计数字化、生产制造数字化和管理数字化等方面。这些努力取得了一定的成效。CAD[①]/CAE[②]/CAM[③]、MRP[④]/ERP 以及 CIMS[⑤] 等技术的推广和应

---

① 计算机辅助设计,computer aided drafting。
② 计算机辅助工程,computer aided engineering。
③ 计算机辅助制造,computer aided manufacturing。
④ 物料需求计划,material requirement planning。
⑤ 计算机集成制造系统,computer integrated manufacturing system。

用,不仅改变了传统的生产设计方式,而且已经成为我国现代制造产业的标志。

目前数字化车间在国内得到了广泛的应用和发展。随着物联网、云计算、大数据、人工智能和机器人技术的广泛应用,企业在数字化车间方面取得了显著的成果。在自主研发的打孔机、撕膜机、印刷机等微电子装配装备的基础上,西北电子装备技术研究所通过构建智慧物流传输系统、工业以太网络、MES、SCADA 及相关的硬件设施,构建了人、机、物深度交互融合的低温共烧陶瓷(low temperature co-fired ce-ramic,LTCC)基板数字化车间,从而实现了工艺设计数字化、制造装备自动化和网络化、生产管理信息化,最终实现了生产效率提升 20%、生产成本降低 20%、不良品率降低 20%的建设目标。西门子成都数字工厂被世界经济论坛评为首批"灯塔工厂"。其主要特点是采用了大量的"工业 4.0"技术,通过三维仿真、MES、增强现实等技术,提高了设计、生产和运营的柔性,实现了从设计到研发,到生产,到管理调度,再到物流配送,保证了资源的快速分配、生产的效率以及产品的品质。制造业通过数字化车间实现了生产过程的自动化、智能化和灵活化,提高了生产效率和产品质量,促进了制造业的转型升级。比如:新海高新技术开发区的某喷雾器厂于 2020 年获得了"浙江省数字厂房"和"智慧厂房"的称号,其构建车间内部通信网络架构,逐步完善工厂级工业互联网,实现关键技术装备之间、关键技术实现信息化管理系统之间、市场需求与企业制造之间的互联互通,整合数据资源,完成 ERP、PLM、MES、WMS 等系统之间的互联互通,打造喷雾器行业标杆性的数字化车间。政府出台了一系列支持政策,为数字化车间建设提供了资金支持和政策环境。数字化车间示范项目和产业集群的形成推动了数字化车间的快速发展。同时,高校和科研机构加强人才培养和技术力量的提升,为数字化车间的发展提供了必要支持。总体来说,数字化车间在国内呈现出蓬勃的势头,极大地推动了制造业的转型升级和高质量发展,主要呈现出以下三个特点:

(1)快速发展。数字化车间在国内制造业中得到了广泛应用,并快速发展。特别是在相关国家战略的推动下,越来越多的企业开始关注并实施数字化转型,进一步推动了数字化车间的发展。

(2)重点行业。国内数字化车间的应用主要集中在传统制造业的重点行业,如汽车制造、机械制造、电子制造等。这些行业对生产效率、质量管理和供应链协同有着较高的需求,数字化车间可以有效提升其竞争力。

(3) 制度建设。我国政府积极推动数字化车间的发展,在政策支持、标准规范和技术创新等方面进行了大力度的推进,制定了一系列相关政策和标准,促进了数字化车间的推广和落地。

需要注意的是,数字化车间的发展是一个全球性的趋势,国内与国外在数字化车间的应用和发展上都存在着互动与借鉴。随着技术的不断进步和经验的积累,国内外的数字化车间行业将会进一步发展,为制造业提供更多创新和增长的机会。

2.3　数字化车间发展趋势

数字化车间的未来发展趋势将在以下 5 个方面展现:

(1) 智能化和自动化程度提升。随着人工智能、机器学习和自动化技术的进一步发展,数字化车间将更加智能化和自动化。通过引入更先进的机器人、无人机、自动导航车辆等设备,实现生产过程的自动化、灵活化和高效化。

(2) 数据驱动的决策优化。大数据和人工智能技术将对数字化车间产生更大的影响。通过大规模数据的采集、存储和分析,数字化车间可以实现实时监测、预测性维护和优化生产决策,进一步提高生产效率和质量。

(3) 跨界融合与协同创新。数字化车间将与其他领域进行跨界融合,在制造业、互联网、物联网、人工智能等领域进行协同创新。例如,与供应链管理、物流配送、销售服务等环节实现全面连接,形成更加协同高效的数字化价值链。

(4) 可视化技术与虚拟现实应用。可视化技术和虚拟现实将在数字化车间中发挥更重要的作用。通过虚拟仿真、增强现实等技术,可以实现对生产过程的全面监控和操作指导,提高操作员的工作效率和准确性。

(5) 网络安全与数据隐私保护。随着数字化车间的发展,网络安全和数据隐私的保护将成为重要的议题。加强网络安全技术应用、建立健全的数据安全管理制度,将是数字化车间未来发展的重要方向。

综上所述,数字化车间将趋向智能化、自动化和数据驱动,通过与其他领域的融合和协同创新,进一步提升生产效率、质量和灵活性。同时,数字化车间注重网络安全和数据隐私保护,以确保其可持续发展与安全运营。

第3章

基于精益思想的数字化
车间设计方法

3.1 精益思想概述

3.1.1 精益思想理念核心

精益思想(lean thinking)是一种管理理念,起源于丰田生产方式(toyota production system,TPS),强调通过最大限度地减少浪费、提高价值流动和改进流程来实现高效率和高质量的生产。1950年,丰田公司的丰田英二到底特律参观福特鲁奇厂之后,和大野耐一讨论后认为日本市场狭小,缺乏外汇购买西方的技术和设备,丰田需要的是"能够多品种、小批量而又便宜的制造方法"。通过对生产现场的观察和思考,大野耐一提出了一系列革新,如三分钟换模法、现场改善、自动化、五问法、供应商队伍重组、伙伴合作关系、拉动式生产等,最终建立起适合日本情况的TPS。美国麻省理工学院约翰·克拉夫奇克在进行"国际汽车项目"研究时,发现日本丰田汽车公司的生产组织、管理方式是最适用于现代制造的一种生产方式,他将这种方式称为精益生产(lean production,LP),也称精益制造(lean manufacturing)。这种生产方式的目标是降低生产成本,提高生产过程的协调度,杜绝企业中的一切浪费现象,从而提高生产效率。

精益思想的核心原则包括以下几点。

（1）价值定义。明确定义顾客价值,将所有非增值的活动视为浪费,并致力于最大限度地给顾客提供价值。

（2）价值流分析。分析和理解价值流,从顾客需求开始一直到产品/服务交付的全过程。找出其中的瓶颈、延迟和浪费,以便对其进行改进。

（3）流程改进。通过消除浪费、标准化操作、优化布局等方式来改进流程。重视持续改进和团队参与,以实现更高的效率和质量。

（4）拉动生产。采用"拉动"而非"推动"的方式进行生产,根据实际需求进行生产,避免过度生产和库存积压,减少资源浪费。

（5）持续改进。倡导全员参与和持续改进的文化。鼓励员工提出改进意见,解决问题,并通过反思和学习来不断提高工作方式。

（6）基于人的管理。注重员工的培养和发展,赋予他们更多的责任并授权,激发员工的积极性和创造力。

精益思想的目标是通过不断改进流程、减少浪费和提高质量,实现高效率、高灵活性和高响应能力的生产运作。它在制造业和服务业都有广泛的应用,并逐渐成为全球企业管理的重要理念之一。

3.1.2 精益生产与传统生产的异同

精益生产以最小化资源浪费、提高价值创造和满足客户需求为目标,注重流程优化和持续改进,通过消除非价值增加的活动和浪费来实现高效率和高质量的生产。与之相比,传统生产方式则更注重规模经济和生产效率,强调单个工序的效率和指令性管理。然而,精益生产和传统生产方式也存在一些联系。它们都致力于最大限度地利用有限资源,提高生产效率和利润。另外,品质控制和持续改进对于两种方式都非常重要,以确保产品质量和客户满意度。同时,现代技术和管理工具在两种方式中都得到了广泛应用,如自动化和信息系统等。最后,绩效评估和指标监控对于精益生产和传统生产方式都是必不可少的,以便及时调整生产策略和改善生产过程。精益生产方式与传统大批量生产方式的比较见表3-1。

表 3-1　精益生产方式与传统大批量生产方式的比较

项目	精益生产方式	传统大批量生产方式
优化范围	以产品生产工序为线索,组织密切相关的供应链,一方面降低企业协作中的交易成本,另一方面保证稳定需求与及时供应,以整个大生产系统为优化目标	强调市场导向,优化资源配置,每个企业以财务关系为界限,优化自身的内部管理
对待库存的态度	强调"库存是万恶之源",即生产中的一切库存均为"浪费",库存掩盖了生产系统中的缺陷与问题。精益生产追求零浪费的目标	库存是必要的
业务控制观	在专业分工时强调相互协作及业务流程的精简(包括不必要的核实工作),消灭业务中的"浪费"	基于双方的"雇用"关系,业务管理中强调达到个人工作高效的分工原则,并以严格的业务稽核来促进与保证,同时稽核工作还可防止个人工作对企业产生的负效应
质量观	基于组织的分权与人的协作观点,认为让生产者自身保证产品质量是可行的,追求"零不良"	一定量的次品是生产中的必然结果
对人的态度	强调个人对生产过程的干预,尽力发挥人的能动性,同时强调协调,对员工个人的评价也是基于长期的表现	对员工的要求在于严格完成上级下达的任务,人被看作附属于岗位的"设备"

3.2　准时生产制

准时生产制(just-in-time production, JIT)是精益生产中的一个核心概念,也是 TPS 的重要原则之一。它强调按需生产,即在顾客需要的时候、以所需数量生产产品,以避免过度生产和库存积压准时生产制一般流程见图 3-1 所示。

准时生产制的主要特点包括以下几个方面。

(1)按需生产。根据实际的市场需求和订单需求进行生产,而不是预测性地批量生产。这样可以避免因过度生产而产生的库存积压和浪费。

(2)短周期生产。缩短生产周期,产品能够更快地响应市场需求变化。减少生产周期可以降低库存风险,并提高灵活性和适应性。

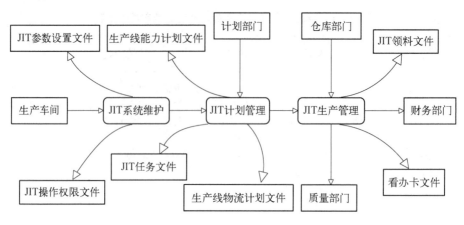

图 3-1　准时生产制一般流程

（3）小批量生产。采用小批量生产的方式，可以更加灵活地调整生产计划，减少产品在制品和库存的数量。这有助于降低存储和运输成本，并提高生产效率。

（4）合理安排生产。通过精确的生产计划和调度，合理安排各个环节的生产活动，避免资源闲置和物料短缺。这可以提高生产效率和资源利用率。

（5）稳定供应链。与供应商建立稳定的合作伙伴关系，实现供应链的协同和优化。及时获取所需物料和零部件，减少库存和交付风险。

准时生产制的优势在于减少库存积压、降低库存成本，并提高生产效率和质量。它能够更好地满足市场需求的变化，减少因需求波动而引起的浪费和不必要的成本。此外，准时生产制也可促使企业加强内部协作和沟通，提高生产过程的可视化和透明度。

实施准时生产制也面临一些挑战，如对供应链的高度依赖性、需求不确定性和生产计划的复杂性等问题。因此，企业需要仔细评估并逐步改进其生产系统和供应链管理，以实现有效的准时生产制。

3.3　全面生产管理

全面生产管理（total production management）是一种综合性的生产管

理方法,旨在实现设备的高效率、高稳定性和高可靠性,以优化整个生产过程,提高生产效率和产品质量。

全面生产管理的核心理念包括以下几个方面。

(1)设备维护管理。通过有效的设备维护和保养,确保设备的可靠性和稳定性。采取预防性维护和定期检修,最大限度地减少停机时间和故障发生率,提高设备运行效率。

(2)生产过程改善。通过对生产过程的分析和改进,优化生产流程,降低生产中的浪费和不必要的变动。例如,改善物料供应、调整工艺参数、优化生产排程等,可以提高生产效率和质量。

(3)人员培训与参与。注重员工的培训和参与,使其具备维护设备和改进生产过程的能力;鼓励员工关注生产过程中的问题,提供改进意见,并积极参与设备维护和生产改进活动。

(4)质量管理。将质量管理纳入整个生产过程,通过设立严格的质量标准、建立检验和反馈机制,以及持续改进的方法来提高产品质量;重视预防性质量控制,避免缺陷品的产生。

(5)管理指标和数据分析。建立合适的生产管理指标和数据分析体系,用于监控生产绩效和问题的发现;通过数据的收集、分析和反馈,及时发现潜在问题,并采取相应的措施进行改进。

全面生产管理的目标是通过设备的高效率运行、生产过程的优化和员工的积极参与,实现生产效率和产品质量的提升。它强调整合各个环节和方面,确保生产系统的稳定性和可持续性。全面生产管理不仅适用于制造业,也可以应用于服务业和其他领域的生产管理中。

3.4 全面生产维护

全面生产维护(total productive maintenance,TPM)是一种维护管理方法,而非生产管理方法。TPM 的目标是通过对设备的全员参与和跨职能合作进行维护,实现最佳设备效率、可靠性和稳定性,以提高生产效率、降低故障发生率和消除损失。

TPM 的主要原则包括以下几点。

（1）设备维护。强调设备维护的重要性，包括预防性维护、保养、修复和改造。通过制订维护计划、培训维护人员，并使用标准化操作和检查表等工具，确保设备处于最佳状态。

（2）全员参与。鼓励所有员工积极参与设备维护活动；提供培训和教育，使员工具备进行日常设备检查和维护的能力；通过设立小组和开展激励机制，促进合作和团队精神。

（3）故障消除。根据设备故障的发生频率和影响程度，制订针对性的故障排除方案；采用根本原因分析和持续改进的方法，解决设备故障的根本问题，避免故障再次发生。

（4）自主维护。培养员工具备进行一定程度设备维护的能力，使其能够自主进行日常的设备检查、保养和小修，减轻维护人员的负担，提高维护效率。

（5）生产与维护的融合。实现生产和维护部门的密切合作与协调；通过制订生产计划和维护计划的协同，有效平衡生产需求和设备维护的安排，最大限度地减少停机时间。

TPM 的实施可以带来以下好处：

（1）提高设备的稳定性和可靠性，减少故障和停机时间。

（2）通过预防性维护和保养，延长设备的使用寿命。

（3）增加生产效率和产能，降低生产成本。

（4）提高产品质量和一致性，减少不良品数量。

（5）培养员工的技能和维护意识，促进团队合作和员工参与度。

综上所述，全面生产维护是一种强调维护和设备管理的方法，通过全员参与和跨部门合作，实现设备的高效率和可靠性，从而提高生产效率和产品质量。

第4章

数字化车间/生产线建设
管理体系概述

　　某公司在智能制造行业积极开展理论研究与实践探索,将数字化车间/生产线建设实践经验知识化、模型化、算法化、代码化、软件化,形成自主可控、拥有自主知识产权的数字化车间/生产线建设管理标准化体系(Aerosun Way)。

　　Aerosun Way可以概括为"五步实施法、十五个功能模块",是一套独特的闭环式高端装备制造行业数字化车间/生产线智能建设工业解决方案。"五步实施法"每一步都详细进行了任务分解,定义了每个步骤的具体工作内容、工作时间、工作方法、责任人、工作成果。

　　Aerosun Way"五步实施法"包括现状评估、方案设计、项目实施、运行维护、流程再造,如图4-1所示。其中"现状评估"实施法包括成熟度评估、精益分析、目标路径三个功能模块,通过车间成熟度的模型和方法、数字化车间精益分析方法以及目标路径实现数字化车间/生产线的现状评估。"方案设计"实施法包括总体规划、车间/生产线方案设计、系统集成三个功能模块,基于精益管理思想为数字化车间建设提供总体布局规划、生产线方案设计及系统集成应用研究。"项目实施"实施法包括仿真与验证、生产线建设、总装总调三个功能模块,通过仿真技术验证方案可行性、保障设备安装进度、缩短在线调试时间,建立智能服务数据交换体系,统筹考虑资源需求进行生产线总装总调。"运行维护"实施法包括应用培训、方案优化、系统升级三个功能模块,通过实时监测和数据驱动的优化决策,确保生产线的稳定运行和高效生产,进一步提升生产线的性能和质量,进行系统升级。"流程再造"实施法包括效果评价、数据应用、流程再造三个功能模块,通过建立评价指标体系和数据驱动优化模型,识别、分析和再造生产过程中的瓶颈、浪费和低效环节,实现资源的最大化利用和生产活动的优化。

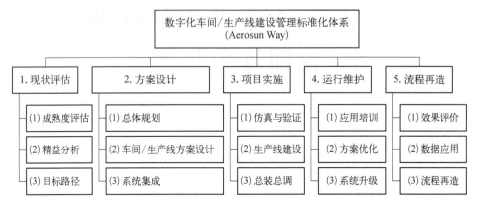

图 4-1　数字化车间/生产线建设管理体系五步实施法

数字化车间/生产线建设管理体系五步实施法具体内容如下。

4.1　现状评估概述

（1）成熟度评估。成熟度模型是一种以组织管理活动为基础,以提高系统成熟度和效率为目的的分层改进的系统模型。该模型为组织在发展进程中,对其各种能力以及它们之间的关系进行分析与评估提供操作路径。成熟度模型可以引导组织在战略制定以及全生命周期中开展管理工作,最终达到组织价值最大化战略目标。根据智能制造能力成熟度模型,对客户现状水平进行评估,从设计、生产、物流、销售、服务、资源要素、互联互通、系统集成、信息融合、新兴业态等能力域对实现智能制造的核心要素、特征和要求进行分析,明确智能化改进的方向及目标。

（2）精益分析。从 1960 年起,日本汽车工业已经开始采用精益生产管理。以丰田为代表的企业通过精益生产管理取得了巨大的成功。该生产方式大大降低了库存与次品率,同时极大地缩短了产品周期。因而精益生产也被称为工艺和工程创新的里程碑[8]，全球的生产方式从大规模生产模式转变为精益制造模式[9]。基于行业先进工艺和过程控制的数字化车间／生产线的立足点，利用精益生产理论知识，对标分析。从产品数量（product quantity，PQ）分析、工艺路径、物流动线、价值流等维度对客户现有的生产经营方式进行分析，为客户建立一套适合的精益生产体系。

（3）目标路径。目标路径是指在项目投资初期，对拟建项目进行全面调查研究，经过技术经济分析、评价和论证，在各种方案中选择最佳方案的科学方法[12]。具体地讲，目标路径是要全面地考虑拟建项目所涉及的诸方面因素，并从中发现其相互联系的内在规律，最后确定各种因素对项目投资决策的影响程度以及项目的未来结果。该方法旨在通过可行性评价来改善投资者决策水平和规避或约束决策失误，从而提高经济建设的整体效益[13]。基于上述现状及优化改进方向的分析，判定数字化车间／生产线建设的目标及可实现性；评估关键技术可行性并制订解决方案；学习标杆企业的先进经验来改善自身不足；明确项目建设的实施路径等。

4.2　方案设计概述

（1）总体规划。针对企业在数字化转型升级过程中存在的问题，提出数字化车间总体规划设计方案，旨在全面提升车间基础装备数字化水平、信息编码程度、信息集成等各方面提升工厂优化与执行智能化、信息化水平，从而最大程度上提升企业运营协同过程中的生产效率和管理信息化水平。针对车间／生产线进行总体方案和总体技术途径设计与规划，基于业务流程与工艺流程分析及优化，进行总体布局设计、精益物流规划与标准精益单元生产线设计，为客户建设一个高品质、高效率、总体性能最优的车间／生产线。

（2）车间／生产线方案设计。依据总体规划，结合不同企业实际现状，进行车间／生产线总体方案设计。在精益生产思想指导下进行标准精益单元生产线设计，经过初步规划、详细规划后对系统进行建模仿真，最后针对仿真结果进行评价优化,对优化后的布局方案在标准精益单元生产线设计步骤中修正,直至输出完善的优化布局方案。

进行加工、装配、检测等自动化方案设计、智能化物流系统设计,实现硬件装备的智能化提升。在自动化方案设计环节主要围绕设备自动化智能化、设备控制系统自动化智能化及制造执行自动化智能化展开,确保数字化车间自动化建设自下而上协同配合。数字化车间的智能化物流设计完成后由被动解决问题转向主动提升管理提供硬件支持,且及时准确识别生产信息与物流配送的指令来源,快速对生产要求进行响应。

进行车间规划、计划、运行管控、现场控制、数据采集、决策分析等的各类工业软件信息化系统设计。在数字化车间建设中需要引入多种信息化软件从产品研发设计、人员管理、物资需求到生产管理、执行现场等实现数字化工厂中生产过程数字化、信息化,且实现各硬件、软件之间的互联互通,及硬件和软件之间的信息互通。进行初步仿真验证与优化改进,形成完善的数字化车间/生产线系统解决方案。

(3) 系统集成。通过 OPC/Web service/RJ45/RS－232 等多种 M2M 技术,将各类设备集成管理,自动获取运行数据,进行生产工艺参数、产品品质及设备综合效率(overall equipment effectiveness,OEE)等管控,从而节约人力、提高效率。设备系统集成,也被称为硬件系统集成,即通过系统建设将数字化智能化后的生产设备纳入生产系统中统一进行资源调配和生产管理,以保证生产节奏一致和生产节奏的连贯性。

通过 DB/Web Service/Restful 等多种中间件技术,将 ERP、PLM、MES、WMS 等多系统进行集成,打通信息流。应用系统集成是企业应用软件的系统集成过程,将多个单一并行系统通过合理设计集成到一个系统界面,解决多系统存在造成的数据管理重复以及工作流程烦琐复杂问题。

运用 RFID、ZigBee[①]、传感微纳等相关技术,实现基于云端的设备远程控制和管理,实现"云联化"。运用云集成技术满足企业发展过程中软硬件系统不断拓展、系统重用、灵活部署等要求,使得企业数字化车间系统运行的基础设施的可靠性和稳定性得到提升,基于云集成的可重用、虚拟化特

_____

① 一种无线协议。

性,企业资源使用效率得到提高,且系统维护成本同比下降。

4.3　项目实施概述

（1）仿真与验证。基于方案,采用数字孪生的建模仿真推演方法,通过对生产系统和工艺过程的建模和仿真,进行虚拟制造,验证其合理性并指导优化,确保开始生产前生产系统和工艺过程的效率达到高点,缩短项目实施周期。通过数字孪生和动态仿真技术,企业和组织可以更好地理解物理系统的运行情况,实时监测设备状态,及时进行故障诊断和预防维护,从而降低成本,提高资源利用效率。

（2）生产线建设。基于"互联网＋智能化"思想,数字车间/生产线是先进企业转型升级的方向。其主要目的就是建立一个能够完全覆盖车间各个部门及终端设备的集成大数据网络体系结构。系统集成无线网络、工业总线、数据交换服务器、移动终端 APP 和工业以太网等多项前沿技术,为实现高端数控机床、复合加工中心、工业机器人等装备的互联互通奠定了坚实的基础。

建成数字化车间/生产线、支撑环境、系统集成和信息融合满足设计需求,建立智能服务数据交换体系。Aerosun Way 蕴含了先进的数字化车间/生产线建设及管理思想,生产线建设过程正是将这套思想在客户企业推行、固化、发展的过程。Aerosun Way 实施团队在智能制造领域具有丰富的行业实践经验,结合 Aerosun Way 实施方法论以保证数字化车间/生产线落地建设。

（3）总装总调。生产线的平面设计应当确保物品输送路线最短,员工操作方便,各工序工作便利,最有效最大化地利用生产面积,并且还需考虑自动化组装生产线安装之间的相互衔接。生产线安装时工作地排列布局要符合工艺路线,当工序具有两个以上工作地时,要考虑同一工序工作地的排列方法。生产线安装的位置涉及各条组装生产线间的相互关系,要根据加工部件装配所要求的顺序排列,整体布置要认真考虑物料流向问题,从而缩短路线,减少运输工作量。总之,要注意合理地、科学地进行流水生产过程空间组织,从范围、进度、成本、场地、物流、设备、工具、人员、安全等角度统筹考虑资源需求,进行生产线总装总调,使得整线功能、节拍效率、接口关系、软硬件匹配性、系统安全性、技术要求符合性、生产产品质量等方面满足设计要求。

4.4 运行维护概述

(1)应用培训。应用培训是系统上线必不可少的重要环节,也是Aerosun Way与客户进行知识转移的重要方式之一。在数字化车间/生产线的管理体系中,有效地应用培训是保证生产流程顺畅运行的关键。培训体系旨在帮助所有参与者熟练掌握数字化系统的操作,理解标准作业流程(standard operating procedure,SOP)的重要性,并能在遇到设备故障时,进行有效的应对和运维。每个项目都有系统的培训方案及专业的培训讲师进行面对面的功能讲解及实操培训,包含设备操作、软件操作、SOP、常见故障处理、维护保养等,让客户相关人员能轻松、快速上手。

(2)方案优化。根据客户需求,针对现有流程或原有流程变更进行优化,提供定制化服务,如功能迭代、逻辑简化、软件优化等。功能迭代是数字化车间/生产线建设中的重要手段,它可以根据实际需求进行功能的扩展和更新,提高生产效率和产品质量。在功能迭代时,应该注重功能的实用性和可靠性,同时还要注重功能的兼容性和稳定性,以确保系统的稳定运行和生产效率的提高。逻辑简化是数字化车间/生产线建设中的重要手段,它可以简化操作流程,减少冗余环节,提高工作效率。在逻辑简化时,应该注重逻辑的清晰性和简洁性,同时还要注重逻辑的可扩展性和可维护性,以确保系统的高效运行和未来的可靠性。软件优化是数字化车间/生产线建设中的重要手段,它可以优化软件的性能和稳定性,提高系统的可靠性和安全性。在软件优化时,应该注重软件的质量和安全性,同时还要注重软件的可维护性和可升级性,以确保软件的高效运行和未来的可靠性。

（3）系统升级。定期更新 Aerosun Way 客户应用系统补丁,让系统运行更为稳定和流畅;定期对数字化车间/生产线管理体系进行更新升级。系统升级是数字化车间/生产线建设中的重要环节,它可以更新系统的功能和技术,提高系统的性能和稳定性。在系统升级时,应该注重升级的稳定性和可靠性,同时还要注重升级的安全性和兼容性,以确保系统的平滑升级和高效运行。在数字化车间和生产线中,系统升级是保持生产过程自动化、智能化和高效化的重要手段。系统升级可以包括硬件和软件两个方面,它们都可以针对生产过程中的各个环节和领域进行优化和升级,以达到提高生产效率和质量的目的。

4.5　流程再造概述

（1）效果评价。基于 PDCA 循环①的思路,依据数字航天建设评价指标体系和相关国家标准开展建设效果评价,对比输出与输入的符合度,提出未来改进方向。PDCA 循环系统是目前普遍认为的全面质量管理各项工作所必须遵守的基本科学管理程式,是全面质量管理各项工作的基础程式,是标准化运行、以大环套小环、周而复始、以阶梯形不断上升的持续改进系统。为了评价数字化车间/生产线评价指标体系是否充分实现资源配置,基于对数字化车间/生产线评价指标体系研究现状的分析,建立数字化车间/生产线评价指标体系,通过在时间和空间上最优地利用和分配企业资源,以达到经济效益和资源合理利用的平衡,取得最佳经济效益的目的。

（2）数据应用。在数字化车间/生产线正常运行一段时间后,对累积的生产运营数据进行分析应用,统计现有数据驱动车间/生产线现状、识别优化项、建立数据驱动优化模型并进行仿真分析,以提供基于实际生产运营数据的优化改进方向,实现数据价值最大化。统计过程控制是指对过程中的各个阶段进行评估和监控,建立并保持过程处于可接受的并且稳定的水平,

---

① 一种管理方法。

从而保证产品与服务符合规定的要求的一种质量管理技术。同时,利用数据进行仿真建模,能够精确而科学地检验和判断制造水平是否满足要求,并量化对质量一致性的评价,进而改善质量管理来实现质量提升,以适应市场需要和企业发展。

（3）流程再造。识别再造时机和关键流程,设定再造目标,成立再造组织,制订再造方案,实施流程再造方案,实现管理相关变革,追求更大绩效,以数字化车间/生产线的迭代升级推动智能工厂的成长。为实现该目标,需要对数字化车间的生产流程进行诊断分析,找出对产品质量存在重大影响的关键流程,并加以优化。同时,当数字化生产车间的原有流程无法适应新的生产需要时,则需及时对其进行优化调整。再造方案的有效实施是提高数字化车间的生产效率,提升生产质量,降低生产成本,追求数字化车间的更大绩效的有效保障。

第5章

现 状 评 估

　　我国虽然已经有一些企业进行了智能化车间的建设和应用,但大多数企业仍处于智能化车间初级阶段,智能化技术的应用还比较有限,需要进一步加强基础理论研究、完善评价方法和标准体系,并积极推动数字化车间的实践应用,在实践中积累更多的经验和数据,以促进数字化车间的快速发展。本章从数字化车间成熟度的相关理论基础出发,介绍常见的评估车间成熟度的模型和方法、数字化车间精益分析方法,以及目标路径。

5.1　成熟度评估

5.1.1　成熟度模型

　　成熟度模型由成熟度等级、能力要素和成熟度要求构成。其中,能力要素由能力域构成,能力域由能力子域构成。成熟度模型构成如图5-1所示。

　　1) 成熟度等级

　　成熟度等级规定了智能制造在不同阶段应达到的水平。成熟度分为五个等级,自低向高分别为一级(规划级)、二级(规范级)、三级(集成级)、四级(优化级)和五级(引领级),如图5-2所示。较高的成熟度等级要求涵盖了低成熟度等级的要求。

　　(1) 一级(规划级)。企业应对实施智能制造的基础和条件进行规划,能够对核心业务活动(设计、生产、物流、销售、服务)进行流程化管理。

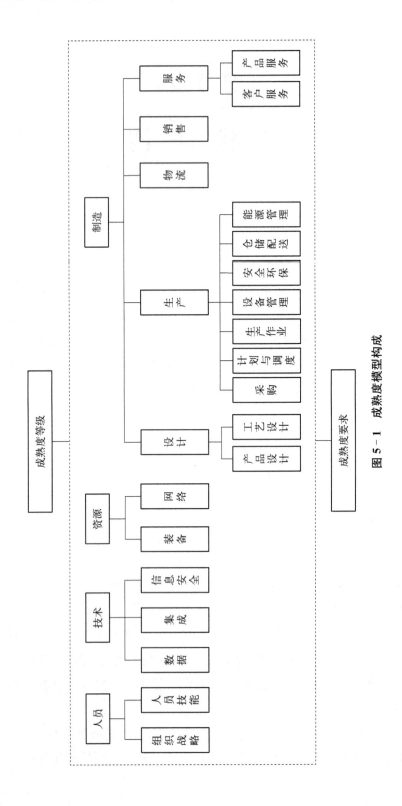

图 5 - 1　成熟度模型构成

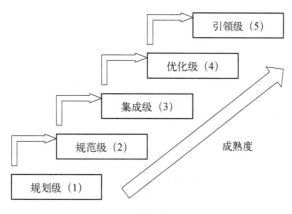

图 5-2　成熟度等级示意图

（2）二级（规范级）。企业应采用自动化技术、信息技术手段对核心装备和核心业务活动等进行改造和规范，实现单一业务活动的数据共享。

（3）三级（集成级）。企业应对装备、系统等开展集成，实现跨业务活动间的数据共享。

（4）四级（优化级）。企业应对人员、资源、制造等进行数据挖掘，形成知识、模型等，实现对核心业务活的精准预测和优化。

（5）五级（引领级）。企业应基于模型持续驱动业务活动的优化和创新，实现产业链协同并衍生新的制造模式和商业模式。

2）能力要素

能力要素给出了智能制造能力提升的关键方面，包括人员、技术、资源和制造。人员包括组织战略和人员技能 2 个能力域。技术包括数据、集成和信息安全 3 个能力域。资源包括装备、网络 2 个能力域。制造包括设计、生产、物流、销售和服务 5 个能力域。其中，设计包括产品设计和工艺设计 2 个能力子域，生产包括采购、计划与调度、生产作业、设备管理、仓储配送、安全环保、能源管理 7 个能力子域，物流包括物流 1 个能力子域，销售包括销售 1 个能力子域，服务包括客户服务和产品服务 2 个能力子域。

企业可根据自身业务活动特点对能力域进行设定。

3）成熟度要求

人员能力要素包括组织战略、人员技能 2 个能力域。人员成熟度要求见

表5-1所示,受篇幅限制,本书只介绍人员成熟度要求,技术、资源、设计等方面的成熟度要求,详见 GB/T 39116—2020《智能制造能力成熟度模型》。

表5-1　人员的成熟度要求

能力域	一　级	二　级	三　级	四　级	五　级
组织战略	应制订智能制造的发展规划;应对发展智能制造所需的资源进行投资	应制订智能制造的发展战略,对智能制造的组织结构、技术架构、资源投入、人员配备等进行规划,形成具体的实施计划;应明确智能制造责任部门和各关键岗位的责任人并且明确各岗位的岗位职责	应针对智能制造战略的执行情况进行监控与评测并持续优化;应建立优化岗位结构的机制,并定期对岗位结构和岗位职责的适宜性进行评估,基于评估结果实施岗位结构优化和岗位调整		
人员技能	应充分意识到智能制造的重要性;应培养或引进智能制造发展需要的人员	应具有智能制造统筹规划能力的个人或团队;应具有掌挥IT基础、数据分析信息安全、系统运维、设备维护编程测试等技术的人员;应制订适宜的智能制造人才培训体系、绩效考核机制等,及时有效地使员工获取新的技能和资格,以适应企业智能制造发展需要	应具有创新管理机制持续开展智能制造相关技术创新和管理创新;应建立知识管理体系,通过信息技术手段管理人员贡献的知识和经验;并结合智能制造需求,开展分析和应用	应建立知识管理平台,实现人员知识、技能、经验的沉淀与传播;应将人员知识技能和经验进行数字化与软件化	

5.1.2　成熟度评估方法

在成熟度评价方法上,根据评估对象业务活动确定评估域。评估域应同时包含人员、技术、资源和制造四个能力要素的内容。人员要素、技术要素和资源要素下的能力域和能力子域为必选内容,不可删减。制造要素下生产能力域不可删减,其他能力域可删减。智能制造能力成熟度评估流程如图5-3所示。

(1)预评估。评估方对受评估方所提交的申请材料进行评审,确认受评估方所从事的活动符合相关法律法规规定,实施了智能制造相关活动,并根据受评估方所申请的评估范围、申请评估等级及其他影响评估活动的因

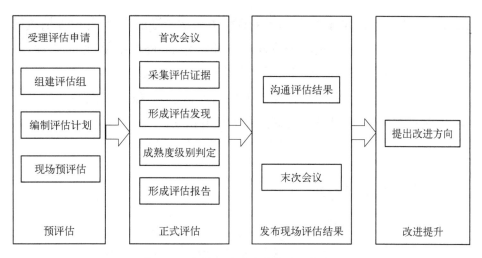

图 5 - 3　智能制造能力成熟度评估流程

素,综合确定是否受理评估申请。受评估方应选择与自身业务活动相匹配的评估域,应组建一个有经验、经过培训、具备评估能力的评估组组织现场评估活动,应确认一名评估组长及多名评估组员,评估人员数量应为奇数。智能制造能力成熟度评估分为现场预评估和正式评估两个阶段,评估前应编制预评估计划和正式评估计划,并与受评估方确认。评估计划至少包括评估目的、评估范围、评估任务、评估时间、评估人员、评估日程安排等。

(2)正式评估。首次会议的内容至少应说明评估目的、介绍评估方法、确定评估日程以及明确其他需要提前沟通的事项。在实施评估的过程中,应通过适当的方法收集并验证与评估目标、评估范围、评估准则有关的证据包括与智能制造相关的职能、活动和过程有关的信息。采集的证据应予以记录,采集方式可包括访谈观察、现场巡视、文件与记录评审、信息系统演示、数据采集等。应对照评估准则,将采集的证据与其满足程度进行对比形成评估发现。具体的评估发现应包括具有证据支持的符合事项和良好实践、改进方向以及弱项。评估组应对评估发现达成一致意见,必要时进行组内评审。依据每一项打分结果,结合各能力域权重值,计算企业得分,并最终判定成熟度。评估组应形成评估报告,评估报告至少应包括评估活动总结、评估结论、评估强项、评估弱项,以及改进方向。

(3)发布现场评估结果。在完成现场评估活动后,评估组应将评估结果与受评估方代表进行通报,给予受评估方再次论证的机会,并由评估组确定最终结果。末次会议内容至少应包括评估总结、评估结果、评估强项、评估弱项、改进方向以及后续相关活动介绍等。

(4)改进提升。受评估方应基于现场评估结果,提出智能制造改进方向,并制订相应措施,开展智能制造能力提升活动。

5.2　精益分析

数字化车间的高效运转离不开精益生产管理,以下为精益生产管理中常用的分析工具。

5.2.1　PQ

PQ是应用较为广泛的工具,P代表着产品,Q则代表着数量。通过PQ,把客户对成品的需求划分为3类:

(1)A类产品。A类产品是为数不多的几类产品,但是需求量大,需修建专用生产线,通常占70%左右。

(2)B类产品。B类产品通常为系列产品,并有对应生产线,相关生产线根据工艺相似度进行分类,通常占市场25%。

(3)C类产品。C类产品通常是工厂极少制造的商品。对于工厂来说,没有必要保存在制品,通常只占市场总需求的5%。

采用PQ方法应按以下程序进行:

(1)搜集公司某类产品客户年需求量的可靠数据资料。

(2)按照需求大小在PQ表上降序登记。

(3)在PQ表数据基础上,绘制帕累托图。

5.2.2　工艺路径分析

对于数字化车间来说,产品差异会影响其工艺设计和布局,增加生产难度,限制其运行效率。因此,对可能涉及的产品工艺线进行分析非常重要。

工艺路径分析旨在改善整个生产过程中的工艺内容、工艺方法、工艺流程和工作空间配置等不合理的方面,并通过严格的测试和分析,制订更加经济、合理、优化的工艺方法、工艺流程和空间配置。

1) 工艺流程图

工艺路径分析是以一种特定的工作为对象,从整体上对其进行整体的分解和解释。工艺路径分析是对工艺进行研究的依据,可以检查工作流程顺序、等待情况、延误情况以及运输距离的合理性。根据工作实际情况,剔除冗余任务、合并重复任务,优化任务布局和任务路径,制订更科学的工作流程。通过优化生产流程,可以实现更好的流程,从而减少各种资源的损耗,使整个生产过程更加高效。目前通常采用工艺流程图来分析现状。工艺流程图包括 5 个主要的记录符号,见表 5-2 所示。

表 5-2　工艺流程图符号及含义

名　称	符　号	含　义
加工	○	产品形状发生变化,增值的过程
检查	□	将某目的物与标准物比较,判断是否合格的过程
搬运	→	产品在物理位置上移动的过程
等待	D	不必要的时间耽误
储存	▽	储存为了控制目的而保存货物的活动

根据现场和工艺数据完成工艺流程分析,工艺流程程序分析表见表 5-3 所示。

表 5-3　工艺流程程序分析表

工艺流程程序分析表				
作图的对象： 　方法： 　地点： 　制表人	统计			
	类别	次数	时间/s	距离/m
	加工			
	搬运			

续　表

工艺流程程序分析表								
						等待		
						检查		
						储存		
						符号		
说明	距离	时间	人数	○	→	D	□	▽

2）5W1H 提问技术

在整个生产过程中，对加工、搬运、等待、储存、检验等工序都做了详细的记录。工艺流程程序分析采用"ECRS"与"5W1H"询问法相结合的原理，对整个过程进行分析。询问法的"5W1H"调查原则主要涵盖目的、人员、时间、地点、原因和方法 6 个方面。找出存在的问题，分析原因，然后对生产过程进行细化和优化。"5W1H"询问法方法和技巧通常按表 5-4 的原则进行分析。

表 5-4　5W1H 提问技术

考察点	第一次提问	第二次提问	第三次提问
目的	（What）做什么	是否必要	有无其他更合适的对象
原因	（Why）为何做	为什么要这样做	是否不需要做
时间	（When）何时做	为何需要此时做	有无其他更合适的时间
地点	（Where）何处做	为何需要此处做	有无其他更合适的地点
人员	（Who）何人做	为何需要此人做	有无其他更合适的人
方法	（How）如何做	为何需要这样做	有无其他更合适的方法与工具

3）ECRS 原则

"5W1H"问题的前两个问题旨在厘清提问状态，而第三个问题是进一步考察改进可能。改进过程通常是在"ECRS"四项原则指导下进行，该原则通常用于解答前面两个问题，继而发现问题。在第三个问题中，必须遵循四项基本原则[10]，如图 5-5 所示。

E(delete)消除，是指撤销不必要的生产过程。C(combine)合并，是指生产过程中的某些工序无法取消，但从整体生产角度来看又是绝对必要的，因此尝试将工序组合起来。R(rearrange)重排，是指不能取消并组合到生产中的工序，可以考虑进行连续重新排列。S(simplify)简化，是指上述原则无法修正，可直接用该原则来简化该部分。

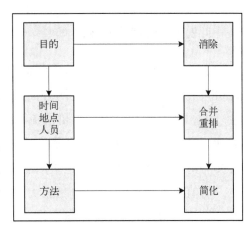

图 5-5 ECRS 原则运用示意图

5.2.3 物流动线分析

物流动线分析就是将企业系统中的所有作业活动按照属性划分为若干个相互关联且相对独立的功能区域，并对每个功能区域进行详细分析和研究的过程。分析各个功能区域之间的货物和人员流动模式，进一步编制物流动线图。物流动线的设计为整个数字化车间物流中心的运行提供基础，科学地设计物流动线，系统才能更加高效地运行。一般来说，物流动线有五种类型：直线形、L 形、U 形、S 形和环形[11]。

直线形装配线的布局呈矩形，入口和出口位置相对，设备沿通道两侧布置。这种布局比较简单，装配效率高，操作难度低。L 形主要用于车间布局不能采用直线式流水线的情况。入口和出口位置分别在装配线的两个相邻表面上，与直线式类似。U 形装配线的入口和出口位于装配线的同一侧，其优点是缩短了装配线的时间、物料搬运距离短，但 U 形装配线需要较大的面积。S 形装配线可以在固定的工业建筑内组织较长的生产线，场地利用率较高，主要用于生产工序较多、空间有限的情况。环形装配线是在 U 形装配线的基础上进行的，其优点是装配线上的一些辅助工具可以重复使用，减少了辅助工具的收集和放置所造成的人力和时间的浪费。但由于环形布局是封闭的，物料和人员进出封闭区域并不方便，会造成一定面积的场地浪费。

5.2.4　价值流分析

在企业的生产过程中,从物料储存到产品加工生产的所有活动过程都是价值流。信息流和物流这两方面是价值流改善的核心部分,这两方面在生产中的重要性不容忽视。价值流活动包括 2 个部分:增值活动和非增值活动。其中,增值活动的含义是指能够创造产品价值的活动;非增值活动的含义与增值活动正好相反,是指产品制造过程中不必要的活动。

价值流活动范围主要包括:从原材料到成品、从概念设计到最终产品设计的全过程。然后,从开始下订单到最后付款都是有价值的流程。价值流程图(value stream mapping, VSM)是丰田公司在精益制造系统中提出的一种描述信息流和物流的方法。对信息流、生产、加工时间、原材料流向都进行了详细记录。

(1) 功能。VSM 被用作识别浪费的一种手段,在制造过程中找到浪费的源头。各工序与生产管理系统之间的连接采用 VSM,使得整个系统的运行更加顺畅。VSM 对整个流程进行系统的决策和优化,提高流程灵活性,以减少浪费、缩短工作时间,并为顺利生产提供战略见解和指导。

(2) 流程。VSM 主要从三个方面来分析:信息流是指订单部门接收客户订单、订单完成再到订单生产进度;物流是指从供应商提供原材料到成品交付、产品交付的过程;工艺流程是指从原材料到半成品,再到最终成品的生产过程。

(3) 原则。VSM 有以下四个原则:一是从客户的角度定义价值。二是发现有价值的流程和行动。在价值流程识别中,从不同角度、不同层次对整个生产系统进行识别、分析、改进、实施和控制。三是杜绝厂内浪费。四是让信息畅通。确定分析和调整的关键流程,以改善信息流。

价值流程图可分为以下几个阶段:

(1) 确定产品系列。一般来说,产品系列有三种分类方法:第一种方法是将同一类型或具有相似工艺的加工设备归为一类;第二种方法是将对接的客户或供应商归入同一个类别;第三种方法是得到产品族后,对产品族进行排序,根据改进指标(如市场需求),选择产品族。

(2) 绘制价值流程图现状。基于客户的逆向设计,逐步引入产品投入生产的信息,然后整合供应商的交货和物流,最后形成波形的周期。价值流程图要求在生产过程中使用特殊符号来表达数据的不同信息,其价值流程图符号及含义见表 5-6 所示。

表 5-6　价值流程图符号及含义

价值流程图符号	含　义	价值流程图符号	含　义
	流程		电子信息
	库存		超市
	上推箭头		安全/缓冲
	客户/供应商	—FIFO→	FIFO① 通道
	运输箭头		模拟运算表
	运输卡车		日程表片段
	生产控制		日程表汇总
	人工信息		生产看板
	取料看板		Kaizen 爆发
	批量看板		物理下拉
	批量取料看板		顺序下拉球
	信号看板	OXOX	负荷量

① 先进先出,first in first out。

（3）制订改进计划。针对目前绘制出的价值流程图进行问题识别与分析，综合考虑人力、财力，以及其他因素，优化现有问题并选取适当的方式制订改进措施。若本次存在无法完善的地方，则留在下一阶段继续完善。

（4）画出未来价值流程图。通过改进获得的结果是消除浪费，以客户需求为导向，绘制出最佳生产状态下的未来价值流程图。在创建未来价值流程图时，确定实际生产中的薄弱环节，深挖问题原因并提出相应的改进对策，优化当前的价值流，而未来价值流程图则反映理想生产中的改进状态。

5.3 目标路径

由于并不是所有的项目都具有相同的特点、性质和范围，所以可行性研究的内容在实际使用中并不是严格统一的，一般应包括以下几个方面[14]：

（1）概述。对该项目的背景及概况进行总结，主要内容有项目名称、业务单位状况、可行性评估依据、拟建项目原因及进度、项目选址、项目范围、项目目标、项目建设条件、总资金及投资者投入、主要技术经济指标、存在问题及建议等。

（2）市场预测。为项目建设规模及产品规划提供基础，市场预测主要涉及市场环境调查、供需调查、产品价格预测、竞争力分析、风险分析，以及研究预测方法。例如，智慧物流仓储等产品在市场上享有较好的声誉，智慧物流仓储产品在原有的工程机械、汽车、医药、白酒饮料等领域已扩展至大消费、电商物流等领域，并成功打入国际市场，市场潜力巨大。

（3）资产状况评估。资产状况评估是在资产开发项目可行性研究阶段进行的，评估是否有能力建设数字化车间，为开发计划、建设规模的确定提供基础。其内容涉及资源可利用性、品质、存在条件、开发价值等方面。

（4）建设规模及产品方案。建设规模及产品方案主要是为项目技术、设备设施、施工等投资方案的确定提供依据。其具体包括项目建设规模与产品方案组成、投资方案比选、项目推荐方案及原因。

（5）位置。位置为在项目建议书的拟建位置区域内做出具体选择。数字化车间的建设位置会影响企业生产经营成本和市场竞争力。

（6）工艺技术、设备设施和土建方案。工艺技术、设备设施和土建方案在决定工程经济合理性方面起着重要的作用。它是工程中重要的组成部分。

（7）原材料、燃料供应。对日常运营成本进行计算，确保工程竣工后的正常生产经营能达到使用要求，其中包括主要原材料供应、燃料供应、主要原材料、燃料价格等。原材料供应问题会严重影响数字化车间的运作和盈利。

（8）交通与公共配套设施方面。此方面重点介绍所选地区的各种建筑、交通和公共配套设施分布情况包括总体分布情况、场内和场外交通情况，以及公共配套设施情况。

（9）环境影响评价。拟建项目在建设中不可避免地产生一些环境影响问题，所以有必要对各类环境影响因素做出必要的评估，包括数字化车间建设产生的主要环境影响，以及预防或者减轻不良环境影响的对策和措施。根据建设项目环境影响评价审批程序的有关规定，将各建设项目环境影响评价文件的基本情况予以公告。

（10）安全生产与卫生消防。在数字化车间建设与生产中，可能会出现某些风险因素，必须经过分析论证后提出预防措施，主要有风险因素与等级分析、安全措施、职业病防护措施、消防设施等。

（11）组织机构与人员。组织机构与人员为项目建设得以顺利进行所必需的条件之一。所以组织架构与人员设置非常重要，这一部分包括组织设置、人员配置，以及人员培训等。生产线建成之后，需要有经验的员工使生产线正常运作，必须有足够的人力资源支撑数字化车间的建设。

（12）工程实施进度。当工程按预定计划竣工并成功投产后，即作为实施进度处理，主要内容包括介绍项目各个阶段需要达到的目标、如何安排好每个阶段工作计划。

（13）投资估算与资金筹措。项目能否得到有效执行在于资金是否到位，这一部分主要涉及建设项目资金总额估算、资金运用途径、资金来源，以及支付方式。

（14）经济效益评价。经济效益评价主要是通过各种财务报表的编制分析该项目的盈利能力、偿债能力和该项目的所耗费的社会资源,为社会所创造的利益,对地方社会所产生的影响,从而对该项目的财务可行性、投资经济合理性,以及社会可行性进行评估。经济效益评价主要包括财政评价、国民经济评价、社会评价等。

(15) 风险分析。数字化车间运行过程中隐藏着巨大的风险,如消防问题、电气隐患、环境事故隐患等。运用风险分析确定潜在的风险因素,找出风险来源并预测潜在风险程度,然后提出预防对策。风险分析包括确定项目重大风险、分析风险程度,并提出风险防范对策。

第6章

方 案 设 计

工业 4.0 背景下,为缓解创新压力、成本压力,提升产品附加值,塑造企业独特竞争优势以应对复杂多变的国内国际市场竞争形势,企业具有向数字化车间转向意愿。本章从数字化车间/生产线建设的相关理论基础和管理实践经验出发,基于精益管理思想为数字化车间建设提供总体布局规划、生产线方案设计及系统集成应用研究。

6.1 总体规划

6.1.1 总体布局设计

企业生产模式在经历蒸汽、电气到电子信息时代的变迁后,电子及 IT 的普及带动的工业产品自动化生产趋于平稳,且在一段时间内生产方式未能实现突破性变革。伴随着信息物理系统技术革新,物联网技术、虚拟制造技术、工业软件、5G 网络发展为新一轮的工业革命浪潮提供了技术支持与前提条件,2013年德国汉诺威工业博览会正式提出工业 4.0 概念,将企业生产、物流、制造、销售数据化、智慧化,最后实现敏捷、高效、柔性化的产品供应。2015 年 5 月,国务院正式印发《中国制造 2025》,提出实施制造强国战略,推进工业 4.0 建设。

基于此,推进企业生产数字化、智能化,率先建设工业 4.0 背景下的数字化车间,对企业满足客户个性化需求、塑造灵活多变的业务流程、实现数据透明并形成最佳决策等潜在目标具有重要意义。数字化车间总体布局设计方案如图 6-1 所示。

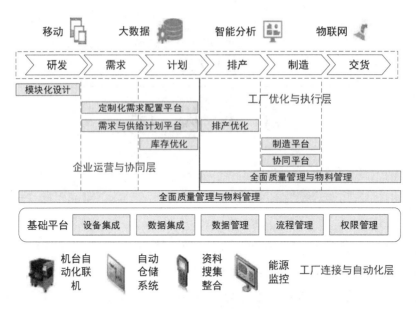

图6-1　数字化车间总体布局设计方案

（1）工厂连接与自动化层。在数字化车间中，所有的数据和信息均应实现数字化，且企业内部的产品结构、仓储物流、智能设备、生产计划等，均可通过各种存储、传输和管理系统，在企业内部网络实现自由存储、转换、传输、分析、集成和应用。在生产现场，基于总线、码盘与伺服系统的网络化连接，数字化驱动单元对采用先进技术的数控机床实现高速、高精度、高可靠性的产品加工。

（2）工厂优化与执行层。基于智能设备的数据采集、分析和信息感知功能，在优化执行层面，车间结合 ERP 发布的生产计划要求，通过 MES 实时采集工艺、设备等数据，综合各种资源状态，可在数天甚至数小时内进行生产计划调度。通过制造平台和协同平台，生产现场情况实现在线动态显示和仿真，能源消耗、制造成本、控制反馈等制造数据可以共享显示，最终实现全局＋局部数字＋图形和人机交互的工程监控。在产品质量管理方面，通过 MES 自动采集质量数据，基于产品质量标准的在线判定，在可靠性分析模块下进行修正，使产品生产质量不仅得到全面、实时、准确反馈，且在在线闭环中实现质量持续改进。

（3）企业运营与协同层。在数字化车间视野下，企业不仅需要将注意力放在产品生产和加工环节，还需将眼光扩展到产品的整个生命周期，思考从产品研发改进、生产加工、销售售后、产品报废、解体回收等多环节实现生产价值的增值。客户可以通过供需规划平台生成定制化需求,企业可以通过模块化产品线快速响应客户需求,生成供应链网络计划,以最小的浪费快速完成客户订单。

6.1.2　精益物流规划

精益生产的方式源自日本丰田汽车生产线,通过合理规划在不影响汽车产品质量的情况下减少生产成本投入,提升产出效率,提高公司产品销售利润率。精益生产方式随着企业对于产品价值流的不断深入,从生产阶段拓展到研发、设计、物流、销售等多个环节。精益思想在企业物流领域的应用,除关注"消除浪费、提高质量"外,更加注重由客户主导的需求拉动、准时生产、协调供应及持续改善。在规划精益物流时需要考虑企业物流规划、物流配送中心规划、物流园区规划等方面,Richard Muther 基于物流规划过程的实际情况提出了系统布局规划(systematic layout planning,SLP)布局规划理论,将产品(P)、数量(Q)、流程路线(R)、服务(S)和时间(T)作为构成该理论的五项基本要素。

精益物流规划流程如图 6-2 所示。在进行数字化车间的物流规划时,主

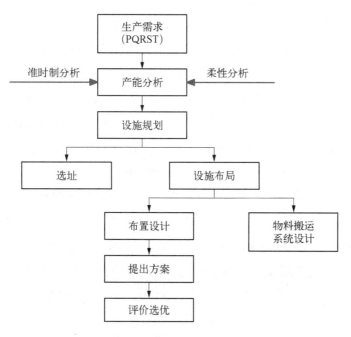

图 6-2　精益物流规划流程

要任务是通过确定生产需求,在考虑准时制和柔性条件下进行产能分析,从而确定物流设置的选址和布局情况,并结合生产线平衡、瓶颈情况、加工成本、设备利用率和负荷率等因素对方案进行评价选优,从而帮助工程师判断生产线布局是否合理、是否满足制造要求,并对生产线进行调度控制优化设计,最终实现在二维或三维空间中合理安排设备位置,使得物料运输总成本最小化。

6.2　数字化车间／生产线方案设计

6.2.1　标准精益单元生产线设计

在企业实施精益生产过程中价值流程图分析是生产系统框架下用来描述物流和信息流的形象化工具。精益单元生产线设计以产品价值流分析为基础,致力于解决生产过程中出现的信息、返工、利害冲突等浪费,并最终达到生产过程的稳定。在精益生产思想指导下进行标准精益单元生产线设计,大致分为四个步骤,如图6-3所示,经过初步规划、详细规划后对系统进行建模仿真,最后针对仿真结果进行评价优化,对优化后的布局方案在标准精益单元生产线设计步骤中修正,直至输出完善的优化布局方案。

(1)初步规划。在生产线设计的初步规划中,根据零件工艺规程和生产纲领初步估算出整个生产线中所需要的设备及其数量。以生产效率、成本等为规划设计的最终目标,同时考虑多个生产过程约束条件,如零件工艺规程、企业生产纲领,以及设备能力、成本等设备库要素,在此基础上形成初步规划方案,作为输入项等待进入详细规划环节。

(2)详细规划。通过前期初步规划环节,对企业生产目标、生产条件有基本了解后,进一步对生产线进行更加详细的内容设计。此处,以考虑物流距离最短、充分利用空间和场地、简化搬运作业,减少搬运环节、柔性化等为规划目标,以初步规划中的设备种类,以及数量、车间的空间约束、工艺约束为条件,对车间生产线方案进行详细规划,导出作为建模仿真输入条件的生产线布局方案。

(3)建模仿真。在详细规划步骤结束后获得生产线布局方案,对设计方案优劣需在正式建设之前进行效果评价。建模仿真技术的日趋成熟为设

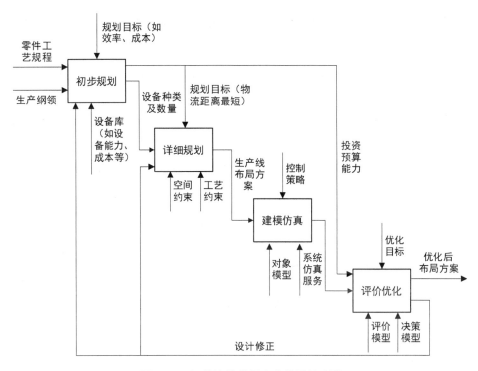

图 6-3 标准精益单元生产线设计步骤

备布局,特别是为详细布局设计阶段的设备布局提供新的手段。在虚拟环境下输入:① 生产线总体初步规划;② 设备分析;③ 生产线物流规划;④ 生产线布局规划;⑤ 人机工程分析;⑥ 平衡性和生产瓶颈。系统仿真能够真实反映企业物流系统运行情况,帮助企业在设计环节洞察工序瓶颈,确定生产车床、物流小车、缓冲区及物流仓库的生产负荷情况,并借此确定车间生产线的生产能力。

(4) 评价优化。以上阶段为数字化车间生产线优化评价提供充分数据,帮助企业管理者了解数字化车间建成后产品加工成本、设备利用率、工件平均加工时间等信息,在此基础上通过选择适当评价模型(如模糊层次评价法、TÜV 南德模型)对各方案进行评价优化,得到优化后的最佳方案。

6.2.2 自动化方案设计

在进行数字化车间/生产线的自动化方案设计过程中,必须坚持整体建设的思路,以企业生产实际为基础,应用信息技术和工程技术,通过规划方案设计达到提升效率、改善工艺流程的目标,建设具有可行性和可操作性的自动化生产线。在自动化方案设计环节,主要围绕设备自动化、智能化,设备控制系统自动化、智能化,以及制造执行自动化、智能化展开,确保数字化车间自动化建设自下而上协同配合。

(1)生产设备智能化改造。为了适配市场复杂多变的需求,提升产品制造过程中信息化程度,采取了多项有效措施,增加车间智能化制造设备,为数字化车间建造中的设备层建设打下基础。在硬件支持方面,见表 6-1所示,数字化工厂具有常见的自动控制、自动识别、数控机床、视频监控、信息中心、智能起重设备、立体仓储与 AGV 等设备,生产设备智能化改造完成后,能够实现车间无纸化生产、设备信息监控统计可视化、数据实时传输反馈、生产计划调整优化等功能。

表 6-1　生产设备智能化硬件支持

智能化要素	相关硬件支持
自动控制	总线、PLC、控制模块
自动识别	条码识别、射频识别、视频识别设备
智能设备	智能设备
数控机床	数控机床
视频监控	视频采集、播放设备
语音广播	语音识别、播放设备
信息中心	短信收发设备
智慧物流	自动搬运、传输设备
AGV	AGV、激光导航
管控系统	服务器、管控终端
数据采集	自动采集设备
接口	接口模块
智能分析	终端、服务器
控制中心	信息传输、发布设备
数据平台	信息展现设备

(2)设备控制数据化改造。数字化车间智能设备能够获取大量生产数据,数据能够帮助企业管理者在快速决策中做出正确选择,但单纯保存在设

备内部的数据无助于企业实际生产,因此需要对这些信息和数据加以整理和分析。对于设备控制的数据化控制与管理,将采用 DNC 联网设备控制系统,如图 6-4 所示,即使用计算机对具有数控装置的机床或机床群直接进行程序传输和管理,以提高数据安全性、共用性,提高工作效率。

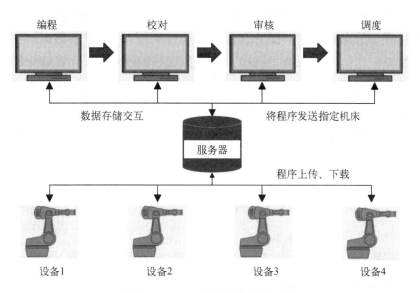

图 6-4　DNC 联网设备控制系统

设备网络化管理通信避免了人工输入生产程序的传输慢、效率低、易出错等缺点,通过设备统一网络化管理,能够高效、准确编制生产程序和生产计划,实现设备生产价值最大化。

（3）制造执行智能优化。工厂车间的制造过程包括加工过程、装配过程、工厂运行等部分,制造执行的智能优化是指将大数据和人工智能技术融入制造过程中,使制造过程实现自我感知、自我决策和自我执行。在制造执行智能优化过程中,采用制造企业生产过程执行 MES 实现数字化车间生产的计划排程、生产全程追溯、生产过程透明化及过程控制、质量改善等功能。MES 在数字化车间系统中起到承上启下的作用,能够结合上层企业计划信息和执行操作控制层生产、仓储信息为生产提供最佳方案,实现企业从排产到产品整个生产过程优化管理。在应对车间异常生产状况时,MES 能够及时反应和报告,帮助管理者运用准确数据对问题进行恰当处理,避免因查找、停机等问题造成的生产浪费。

6.2.3 智能化物流设计

数字化车间视野下物流不再单纯考虑生产原料的输入或制成产品的输出，而是在系统设计思想指导下配合企业产品工艺规划、生产进度、产品需求、柔性制造等要求。上述内容要求数字化车间的智能化物流设计完成后由被动解决问题转向主动提升管理提供硬件支持，且及时准确识别生产信息与物流配送的指令来源，快速对生产要求进行响应。因此智能化物流设计要建立以需求为导向的智能化物流模式，本书从硬件支持、流程设计及智慧物流与其他生产活动协同配合角度对车间智能化物流进行设计。

智慧物流设计中常用的几个关键概念包括 WMS、仓库控制系统（warehouse control system，WCS）和自动引导车系统（automated guided vehicle system，AGVS）。

WMS 是指通过计算机技术和物流管理理论，对仓库进行全面管理和控制的软件系统。WMS 主要用于实现对仓库内货物、信息和资金的全面管理，包括入库、出库、盘点、库存管理、订单处理等各项功能。它能够实现对物流活动的优化和自动化，提高仓储效率和准确性。

WCS 是一种用于控制和协调仓库作业流程的软件系统。WCS 主要负责监控和控制仓库内的设备和自动化系统，如输送带、堆垛机、机器人等。它相对于 WMS 更加关注仓库内设备的联动与协同工作，确保物流设备和系统的顺畅运行。

AGVS 是一种自动化技术，用于在仓库和物流场景中执行物料搬运任务。AGVS 由一组自动驾驶车辆、导航系统和控制软件组成，可以根据预设的路线和任务规划，在仓库内自主运行和搬运货物。它可以替代人工搬运，提高物流作业的效率和安全性。

在智慧物流设计中，WMS、WCS 和 AGVS 三者通常是相互配合使用的。WMS 负责管理仓库内的货物和信息；WCS 负责监控和控制设备的运行；AGVS 作为一种自动化设备，则负责实际的搬运任务。通过整合这些系统，可以实现智能化的、高效的物流管理和运作。

（1）智能化物流硬件支持。智能化物流建设离不开底层基础设备的数字化改造，通过应用条形码、RFID、传感器、全球定位系统等先进的物联网技术通过信息处理和网络通信,在技术上实现部件识别、定位跟踪、物品溯源、流动监控、实时响应,使得物流数据对接制造平台,实现物流过程数据信息化、网络协同化和决策智慧化。

(2)智能化物流流程设计。如图6-5所示,以MES为核心建立起智能化物流活动流程,将智能化后的物流数据通过扫描枪扫描条形码转化为MES中实时信息,从生产原料入厂的毛坯供应开始,经资财仓库扫描进入生产环节,其半成品经立体入库扫描后进入仓库保存,当被生产环节调用时再通过扫码出库并按照数字化车间生产要求装配捆包,配合完成成品生产后通过扫描完成成品入库,实现生产的全部环节。在MES配合下,智能化物流在实施的过程中实现6个"正确",即正确的货物、正确的数量、正确的地点、正确的质量、正确的时间、正确的价格,减少了因挑选、返回等原因造成的浪费,提升生产效率。

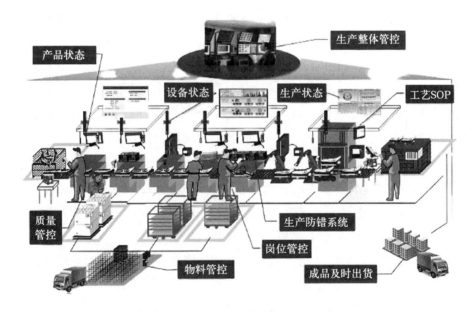

图6-5 智能化物流流程设计

在物流活动线路设计上,设计如图6-6所示的柔性生产线布局。柔性生产线是一种能够快速适应不同产品和生产需求的生产线。柔性生产线具有模块化布局、多功能设备、智能化控制系统、快速换模和调整等特点。柔性生产线的优点是能够适应市场需求的快速变化,提供定制化和高效率的生产能

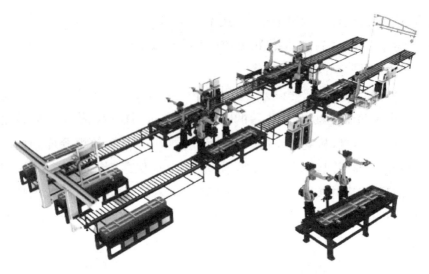

图 6-6　柔性生产线布局

力。它可以减少库存和生产成本,并提供灵活的生产规划和调度。同时,柔性生产线也面临一些挑战,如设备复杂性、人员培训和管理等方面的要求更高。

（3）智能化物流协同配合。智能化物流作为数字化车间整体建设架构的一个重要环节,在进行设计过程中同时应当考虑物流活动与生产控制系统,以及其他生产要素的配合关系,使得数字化车间建设完成后虚拟数据、实体物品、工作流程能够相互配合,杜绝生产浪费。

智能化物流设计与生产控制系统的结合。如前所述,物流信息应当与MES结合,使用MES等生产控制软件对物流数据进行分析统计,对车间生产活动进行集中化管理,数据的集中分析帮助管理者更为便利地监控生产状态,从而使得生产指令下达更加及时、准确。

智能化物流设计与其他要素的结合。智能化物流设计同时应当考虑物流系统与其他要素之间的协同配合。例如,生产车间建筑结构基于已形成厂区的限制,在进行物流设计过程中需要考虑建筑物布局、上空高度、地面质量、水电分布等要素,对物流布局进行合理设计以充分利用空间面积,减少不必要占用和浪费。

6.2.4　信息化软件设计

综合生产运营管理、工业网络监控、数据采集分析、智能化物流及自动化执行物理设施等设计因素,在数字化车间建设中需要引入多种信息化软件从产品研发设计、人员管理、物资需求到生产管理、执行现场等实现数字化工厂中生产过程数字化、信息化,且实现各硬件、软件之间的互联互通,硬件和软件之间的信息互通。基于一个协同高效的信息系统,实现现场问题的及时反馈与处理,确保车间各系统数据的同步更新,保证工艺数据、计划订单数据、实际生产数据的一致性,避免生产时出现由于信息滞后而导致的问题订单。

从职能管理角度出发,在数字化车间中按照设计、工艺、管理、生产、设备角度分别使用不同信息化软件,实现数字化设计、数字化制造和数字化管理三位一体,在企业内部形成通畅的信息渠道。数字化车间信息软件如图6-7所示。

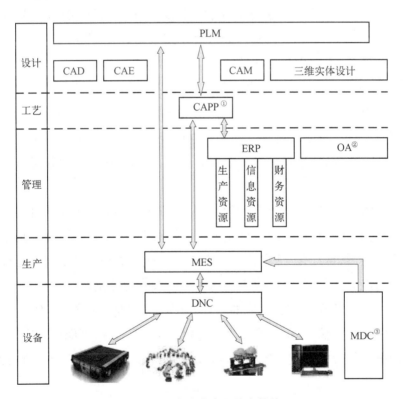

图6-7 数字化车间信息软件

---

① 计算机辅助工艺规划,computer aided process planning。
② 办公自动化,office automation。
③ 车间详细制造数据和过程系统,manufacturing data collection & status management。

（1）PLM 是能够运用到产品整个生命周期的管理软件，从概念提案到研发设计，再到制造和销售服务。通过集成 ERP、CAD、CAE 等信息系统，在完成产品研发和产品设计后，实施 PLM。将相关产品工艺数据发布到 MES，便于 MES 按照标准流程指导实际生产，具有帮助管理层优化决策，实现企业产品设计可视化和高效运维管理的作用。

（2）三维实体设计软件。CAD、CAE、CAM 等三维实体设计软件可以为制造商、供应商提供仿真环境下的制造设计平台，利用数学仿真手段定量描述制造过程中的制造设备、制造系统和产品性能变化，完成工艺设计从基于经验的试错到基于科学推理的设计转变。

（3）CAPP 主要应用于企业产品的过程设计。通过计算机环境、数值计算、逻辑判断、仿真等，获得零件加工的最佳工艺流程，缩短工艺设计周期。采用 CAPP 进行软件设计，同传统手工设计相比，节约资源，解决设计生产一致性差、不易优化等问题。

（4）ERP 是企业数字化办公的重要支撑系统，在生产过程中能够为生产车间提供生产任务和物料信息，能够有效整合基于上下游供应链的物质资源、信息资源、资金资源等。除支持生产外，ERP 同时还能够涵盖企业的财务、销售、采购、质量管理等多个环节功能，帮助企业改善业务流程提升市场竞争力。

（5）MES 作为企业生产信息化的协同管理系统，能够对车间生产状态变化实现快速响应，帮助减少企业不必要的浪费，从而紧密结合企业计划与实际生产，且其自动化、信息化能力有效提高企业柔性生产能力，提高企业及时交付能力，更加从容应对市场和客户需求波动变化。

（6）DNC 用于对多种通用的物理和逻辑资源整合，对生产任务及作业规范统一进行传输，确保产品线生产过程中信息一致性。DNC 实现了数字化控制程序的集中管理与集中传输，减少生产现场冗余，提升产品加工精准程度。

（7）MDC 能够实现车间制造数据和过程的实时采集，进行报表化和图表化，直观反映车间生产状况，帮助生产决策部门根据反馈信息做出科学、有效决策。

6.3　系统集成

系统集成是为数字化车间建设构建的研发设计、生产调度和管理协同支持平台,有效支持数字化工厂各个阶段的集成,使企业各功能系统协同工作。从集成类型看,系统集成可以分为设备系统集成和应用系统集成。从企业减少硬件投资、发展更具适应性系统架构角度看,基于云计算的系统云集成也将成为一个发展趋势。

6.3.1　基于 MES 的设备系统集成

设备系统集成,也被称为硬件系统集成,即通过系统建设将数字化、智能化的生产设备纳入生产系统中统一进行资源调配和生产管理,以保证生产节奏一致性和连贯性。针对当前数字化车间建设现状,提出如图 6-8 所示的基于 MES 的设备系统集成方案。

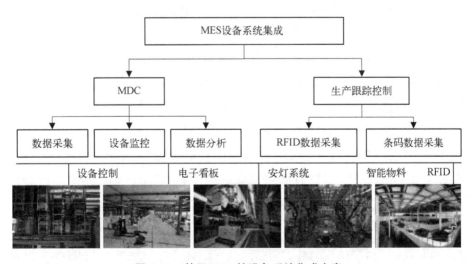

图 6-8　基于 MES 的设备系统集成方案

本方案在现有数控设备数据自动采集基础之上,结合条形码、RFID 数据自动读写、扫码等技术,保证数字化车间生产数据的实时准确收集。首先,基于 MDC 系统的自动采集功能,实现机床状态采集和上报、车间数据智能化共享,由 MES 将信息实时反馈至企业管理人员处并更新生产计划,最终形成管理闭环。其次,结合生产跟踪控制系统,如 RFID 数据采集系统、条码数据采集系统,对车间信息、人员信息、故障信息进行快速、准确反馈,保证生产计划得到及时调整。通过 MES 完成的设备系统集成,能够连接底层生产控制系统,保证车间级生产数据能够与上层生产计划、业务管理活动进行互动,起到承上启下,连接计划层与底层操作控制层的纽带作用。

6.3.2 基于 MES 的应用系统集成

应用系统集成是企业应用软件的系统集成过程,将多个单一并行系统通过合理设计集成到一个系统界面,解决多系统存在造成的数据管理重复,以及工作流程烦琐问题。从生产过程角度理解,基于 MES 的应用系统集成方案如图 6-9 所示。

(1)应用系统信息流分析。① DNC 与 PLM 数据双向流动。产品的生产工艺规程、零部件明细、质量规格经 PLM 设计定型后通过数据接口输入DNC,DNC 对相应产品的生产程序展开设计,并将确定后数字化控制程序返回 PLM 完成程序归档管理。② PLM 与 MES 数据单向流动。PLM 将BOM、产品配置信息、工艺路线通过接口传递给 MES。③ ERP 与 MES 数据双向流动。ERP 在确定生产任务后,将生产计划、物料数据、质量要求等通过接口传递 MES,MES 则根据 ERP 下达的计划安排车间进行生产,最后将计划执行情况、订单完成状态、生产质量等信息反馈给 ERP。

(2)计划层 PLM、CAPP、ERP、CAD/CAE/CAM 与执行层 MES 的系统集成。在计划层中,产品通过 CAD/CAE/CAM 进行产品结构、零部件信息等设计工作,并将 CAD 数据作为信息输入 PLM 中,PLM 将产品设计信息输入 CAPP 进行产品工艺路线设计,并生产加工工艺卡,且返回到 PLM。PLM 将设计环节生成的工艺 BOM、零件属性等信息传输到 ERP 进行归档,同时发送到 DNC 进行生产准备。ERP 则将计划层中产生的产品设计信息,结合生产计划、BOM、物料、工艺路线等信息发送到 MES,由 MES 对产品生产进行结构树分析,生成 NC 程序,并开展 3D 模型和加工工艺优化。完成产品生产设计后,MES 将产品的计划排产、生产程序、刀具、设备的准

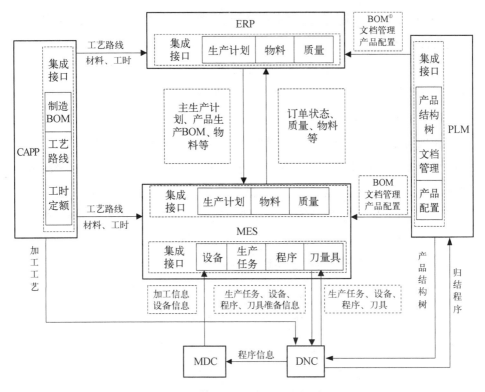

图 6‑9　基于 MES 的应用系统集成方案

备情况发送到 DNC 进入车间生产环节,同时根据车间实时采集数据的整理分析情况将物料完工、设备状况等信息反馈给 ERP,完成管理闭环。

（3）操作控制层 DNC、MDC 与执行层 MES 的系统集成。在数字化车间操作控制层,DNC 接收 MES 发送的产品的计划排产、生产程序、刀具、设备准备数据,通过数值控制（numerical control，NC）程序自动下发至相应机台,完成产品加工生产。MDC 则对车间生产状况进行实时监管,并将产品加工信息、设备信息等反馈给 MES,由 MES 将操作控制层生产状况与计划层 ERP 进行协调组织,以达到最优生产状态。

6.3.3　基于云计算的系统集成

企业现有自建系统在应用过程中容易出现一次建成、拓展性差和独立

---

①　物料清单,bill of material。

封闭、开放性差的缺陷,在企业生产信息化、数字化、智能化转型背景下,运用云集成技术满足企业发展过程中软硬件系统不断拓展、系统重用、灵活部署等要求使得企业数字化车间系统运行的基础设施的可靠性和稳定性得到提升,基于云集成的可重用、虚拟化特性,企业资源使用效率得到提高,且系统维护成本同比下降。

在现有系统集成基础上,构建如图 6-10 所示的系统云集成方案。云集成平台处于平台中间位置,通过互联网、移动网、物联网等通信网络获取硬件设备信息,经过整理和分析,提供给计划层各类软件使用,同时也可将上层排产计划、加工工艺等信息下发给执行操作控制层,由各类数控设备执行。云集成平台部署于云计算中心,云计算为该平台提供相应的计算能力和资源,帮助企业提高效率、提高竞争力。

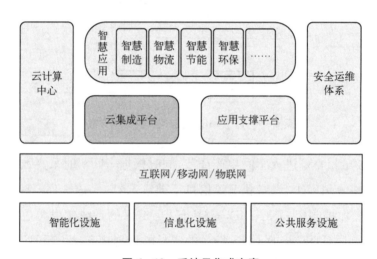

图 6-10 系统云集成方案

通过系统云集成,企业管理人员能够对数字化车间生产状态进行集中监视和管理,且云系统对设备进行标准化、精准化生产数据集中管理,自动生成工作进程,并对车间生产流程进行全程跟踪。云系统可以为管理人员进行历史数据的智能分析,再根据分析结果确定达到条件触发的联动控制策略,在适当条件下主动触发响应,达到系统优化和高效运行的目的。

第7章

项 目 实 施

　　项目实施过程中，通过详细的仿真分析验证，在计划节点内验证方案可行性、设备数量及用地面积等信息，有效地将成本控制在预算范围内。同时，在前期进行生产能力仿真验证，确保开始生产前生产系统和工艺过程的效率达到高点，通过数字化分析和搭建，可以保障设备安装进度、缩短在线调试时间。通过生产线建设建立一个能够完全覆盖车间各个部门及终端设备的集成大数据网络体系结构。系统集成了无线网络、工业总线、数据交换服务器、移动终端 APP 和工业以太网等多项技术。从范围、进度、成本、场地、物流、设备、工具、人员、安全等角度统筹考虑资源需求，进行生产线总装总调，使得整线功能、节拍效率、接口关系、软硬件匹配性、系统安全性、技术要求符合性、生产产品质量等方面满足设计要求。

7.1　仿真与验证

7.1.1　数字孪生

　　2003 年，美国密歇根大学的 Grieves 教授最早在产品全生命周期管理课程中提出了数字孪生的思想。当初，这一概念被称为"信息镜像模型"，随后逐渐演变为现在广为人知的"数字孪生"术语。作为一种重要的技术，数字孪生旨在通过数字世界中对物理世界进行高度还原的刻画、仿真、优化和可视化。通过数字孪生技术，企业和组织可以更好地理解物理系统的运行情况,实时监测设备状态,及时进行故障诊断和预防维护,从而降低成本,提高资源利用效率。数字孪生技术不仅为工业界带来了巨大的变革和进步,也为全球社会的发展和可持续性发展提供了有益手段。随着技术的不断进步和应用的不断拓展,数字孪生必将在未来发挥更加重要的作用。

1) 数字孪生技术架构

为了实现全面的信息交互闭环,数字孪生需要在一个平台化的架构下进行,如图 7 - 1 所示。

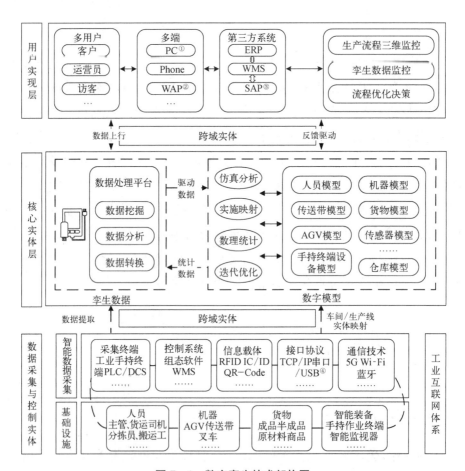

图 7 - 1　数字孪生技术架构图

① 个人计算机,personal computer。
② 无线应用协议,wireless application protocol。
③ 会话通告协议,session announcement protocol。
④ 通用串行总线,universal serical bus。

总体来看,一套完备的数字孪生系统应该包括四个层次:第一个层次为数据采集与控制,主要包括感知、控制、识别等方面,主要用于对数字孪生系统进行上行感知和下行控制。第二个层次为"核心实体",以一般支持技术为基础,完成"建模融合""数据融合""模拟分析"和"系统扩充"等多个功能。第三个层次为使用者实体,它以可视化及虚拟现实为基础,完成数字孪生系统的人机互动功能。第四个层次为跨领域实体,主要责任是在各个实体层面上进行信息交换,并保证其安全性,从而保证整个数字孪生系统的协同与可靠运转。

2)数字孪生优化运行机制

数字孪生优化运行机制主要涵盖对生产要素管理、生产活动计划和生产过程控制这三个方面的迭代优化,如图7-2所示。

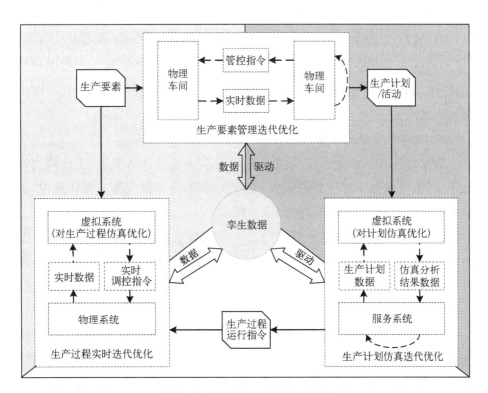

图7-2 数字孪生系统运行机制

(1)生产要素管理的迭代优化。通过虚拟车间与车间服务系统的交互,实现对生产要素的管理优化。虚拟车间能够模拟和反映实际物理车间的状态,同时车间服务系统能够提供丰富的数据和算法支持。在这种交互下,可以对生产要素的配置、调度和协同进行优化,以最大限度地提高资源利用效率和生产效率。

(2)生产活动计划的迭代优化。通过车间服务系统与虚拟车间的交互,实现对生产活动计划的优化。车间服务系统提供丰富的数据和算法支持,而虚拟车间可以模拟和评估不同的生产活动计划。在这种交互下,对生产活动的排程、任务分配和优先级进行优化,以实现生产计划的合理性和可执行性。

(3)生产过程控制的迭代优化。通过虚拟车间与虚拟车间的交互,实现对生产过程控制的优化。虚拟车间之间的交互可以实现不同生产过程的协同和协调,确保生产过程的顺畅进行。通过这种交互,可以对生产过程中的参数调整、生产状态监控和故障处理等方面进行优化,以提高生产过程的稳定性和可靠性。

通过以上三个方面的迭代优化,数据传输服务(data transmission service,DTS)能够实现对整个生产过程的持续优化和改进,不断提升生产效率和品质水平。同时,这种优化机制也为制造业的数字化转型和智能化发展提供强有力的支持。

3)数字孪生推进步骤

数字孪生技术尚处于应用探索阶段,不同企业的业务流程、工作模式等各不相同,推进数字孪生切忌贪大,要由点到面,分步骤实施。具体来说,企业在推进数字孪生时可以遵循以下步骤:

(1)可行性分析。设想并筛选出一系列数字孪生方案,并对每个方案进行仔细评估,以确定能够通过运用数字孪生技术快速实现回报的最佳流程。为确保评估的全面性和准确性,建议召集运营、业务和技术领导层成员参与集中的构思会议,并共同推进评估工作。

(2)确定流程。为了确定潜在价值最高且成功概率最大的数字孪生试用模型,建议综合考虑运营、商业和组织变革管理因素。同时,特别关注那些有望在设备、选址或技术规模方面实现扩大的领域。通过这种综合性的分析和重点关注,将能够在试用阶段发现并利用最具潜力的数字孪生模型,为业务带来最大程度的收益和效益。

(3)试运行项目。试运行项目可以是业务部门或产品的一个子集,但必须能够证明其对企业的价值。在推进试行项目的过程中,实施团队应时刻强调适应性与开放式思维,以打造一个未知的开放式生态系统。该生态系统能够随着情况的变化而变化,整合新的数据(结构化及非结构化),并接纳新的技术与合作伙伴。一旦初期实现了价值,应考虑借助良好的发展势头,实现更大规模的收益。同时,还应向企业高层汇报所实现的价值,以进一步得到支持和资源。通过这种持续改进和及时反馈的方式,我们将能够在试运行阶段不断优化并最大限度地实现投资回报。

(4)实现流程工业化。一旦试运行取得了一定的成果,立即运用现有的工具、技术和脚本,将数字孪生的开发与部署流程工业化。通过这样的工业化流程,更高效地开发和部署数字孪生项目。同时,还需要协调试运行团队的预期,并管理其他试图采用相同模型的项目。这样,可以推广数字孪生技术的应用,实现其规模化的落地。在整个数字孪生流程涵盖了对企业各种零散的实施过程进行整合,实施数据湖,提升绩效与生产率,改善治理与数据标准,以及推进组织结构变革,从而为数字孪生提供全面支持。

(5)扩大数字孪生规模。成功实现数字孪生的工业化后,应重点把握机会,进一步扩大其规模。目标应当是锁定相近流程,以及与试运行项目相关的流程,这些流程在数字孪生技术应用中可能会有类似的优势和潜在价值。在扩大规模的过程中,应继续向企业高层以及其他利益相关者汇报数字孪生技术所实现的价值。这样的汇报有助于让企业高层认识到数字孪生对业务和运营的积极影响,并为数字孪生技术的持续应用提供支持和资源。

(6)监控与检测。为了客观检测数字孪生技术所创造的价值,我们需要对解决方案进行持续监控。在监控过程中,将着重关注在循环周期内是否能够产生切实的收益,包括提升生产率、质量、利用率,以及降低偶发事件和成本。

7.1.2　动态仿真

在智能化制造的数字化潮流下,制造系统已成为一种集机械制造、计算机科学和系统管理工程为一体的集成应用,因为它具有较高的技术难度、较长的施工时间、较大的前期投入,所以三维协同设计与模拟已成为流水线规划设计的一种主要技术方法。它的最大优势在于能够在设计阶段发现并解决可能出现的设计问题,进而提高设计品质与设计效率。

（1）车间/生产线仿真布局流程的必要性。传统三维软件的流水线布局方式仅限于静态显示与浏览，不能实现多要素动态信息的计算仿真。这就导致了生产线规划设计完全依靠传统的设计人员的经验进行，很难兼顾生产线构建中的多个要素。这就导致了在生产线真正建成前，不能完全暴露出可能存在的问题。

① 对于设备工艺动作、机器人作业、多机器人协同作业等作业过程与干扰状况，单纯依靠工程人员的主观经验来判定，极易造成疏漏与误差。

② 生产线物流运行过程不能直接表达，尤其是在复杂生产线上，通信费用高。

③ 在复杂的生产线上，很难确定生产节奏。

④ 生产线建成后，传统的数模产品就失去了它的作用。

（2）数字化车间/生产线建模与仿真的重要性。数字车间/生产线的设计与建造是一个巨大的系统工程。通过与数字技术的融合，实现了对生产过程的有效控制和管理，并对内部和外部的各类数据进行了合理的规划和配置。传统的三维设计方法只在项目的前期计划和模型设计中使用了数字技术，生产线完工后，数据信息只能以"文件"形式保存，不能有效地影响后续的生产、调试以及生产线的优化，造成了巨大的资源浪费。因此，数字化车间/生产线设计和建造技术的全面运用，使数字规划和仿真成为设计前期强有力的手段，并在生产线建模中充分发挥作用，对整个生产流程进行高效的管控和管理。本项目的研究不仅可以提高生产线的设计效率，而且可以为后续的生产、调试、优化等工作提供可靠的数据支撑，从而推动整个生产过程的智能化。

（3）需要进行仿真模拟的场景。仿真技术极大地改善了车间/生产线的建造流程，改变了传统的设计方式，转变成了规划、设计、仿真、验证、调试、生产运行一体化的施工过程，打破了数据和实际生产之间的屏障，将虚拟数据和真实的生产线有机地融合在一起，相互进行反馈和修改，使设计过程发生了变化，真正做到了让数据可用，大大提高了设计的效率和规划效益。通过数字孪生车间的生产运行仿真，能够代替实物生产线的运作，实现对整个生产过程的各种操作模拟，对生产过程进行各种操作模拟，对生产过程进行诊断分析，并对其进行迭代，如图 7-3 所示。

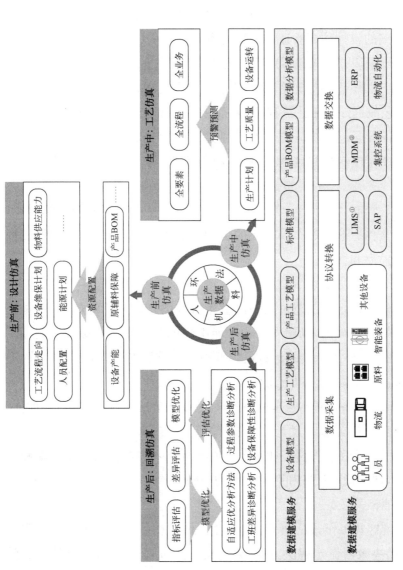

图 7-3　基于数字孪生的车间/生产线运行仿真过程

① 化验室管理系统，laboratory information management system。

② 主数据管理，master data management。

1) 生产前：设计仿真

车间/生产线作为一个生产系统整体，其规划好坏直接影响其布局。首先，依据生产需求，确定合适的工艺条件和设备；然后，根据场地限制等条件，确定车间/生产线的总体布局方案；最后，对该方案进行生产前的、基于数字孪生车间的设计仿真验证。仿真内容包括：

（1）生产线基础信息包括厂房结构尺寸、承载能力等基础数据。

（2）生产数据考虑批投量、预期产量等生产指标。

（3）工艺数据涉及工艺流程、工艺条件等关键工艺信息。

（4）设备数据包括设备的尺寸、作业空间等相关信息。

（5）有效的控制信息考虑系统目标、设计周期、用户偏好等可控的因素。

在进行设计时，需要充分考虑上述因素，并结合企业资源知识库，得出最终的设计文档。这确保布局方案的合理性和可行性，以最大限度地提高生产系统的效率和性能。

2) 生产中：工艺仿真

数字化仿真在生产工艺过程中的应用旨在清晰地分析物质流、能量流和信息流的输入与输出，以预先揭示可能出现的"人、机、料、法、环、测、能"等问题，从而为实体生产线的运行提供解决方案或事先规避措施，并深入理解人机关系。该阶段包含以下工作：

（1）自动化设备位置的合理性检测，以及设备节拍和物料状态等的评估。

（2）基于轨道位置，自动计算传输带的运动方式。

（3）利用三维静态仿真验证输送带模型，包括机构传动、托盘传动和传动台等验证，同时检验设备和对象之间的空间布置。

（4）其他相关任务。

（5）通过这些工作，数字孪生车间/生产线的仿真运行能够提前发现潜在问题，帮助决策者制定解决方案，并优化生产过程，以确保生产线的高效运行。这种数字化仿真方法对于生产工艺的优化和持续改进具有重要意义。

3) 生产后：回溯仿真

基于实际生产过程中采集的数据，利用生产模型进行回溯仿真，以历史数据为依据，运用大数据诊断和自适应优化的分析方法。在此过程中，从以下方面进行诊断分析：

（1）过程参数诊断分析。通过对实际生产过程中的参数进行分析，识别可能导致生产异常的关键参数。

（2）工班差异性诊断分析。研究工班间生产差异的原因，找出影响生产稳定性的因素。

（3）设备保障性诊断分析。评估设备状态和性能，确定设备故障对生产异常的影响。

（4）来料准时性诊断分析。分析供应链中来料准时性问题对生产过程的影响。

（5）环境条件变化诊断分析。观察环境因素对生产过程的影响，如温度、湿度等。

（6）工艺在线仪器测量系统实时诊断分析。基于在线仪器测量系统数据，实时监测生产过程，发现潜在问题。

通过对上述诊断分析的结果，挖掘导致生产异常的根本原因。随后，将这些结果与生产前设计仿真的指标进行比对，开展过程诊断分析，对生产各环节进行模型对比和差异评估，旨在找到改进方法，对生产要素和生产模型进行评估和迭代优化，以提高生产效率和质量，实现持续改进。

4）过程诊断分析

（1）工艺进度计划实施情况分析。该环节主要是对各工序计划完成量、产品完成度、班组产量、交班产量等进行分析。同时，通过对生产过程中材料的输入与输出情况的比较和分析，采集生产过程中各种材料的消耗情况，为生产成本的核算提供基础。

（2）设备的操作和维修分析。这部分主要分析了设备的运行状况、维修、备件的使用情况等。另外，本系统还将对设备的利用率进行统计和分析，并对其产能进行统计和分析。

（3）生产计划的实施与产出分析。在此阶段，对生产计划的完成、团队的产出等数据进行统计与询问。其中包含生产线上各个工序的实际数据，并与规范设置和同类品牌的历史数据进行了比较，并进行了工艺参数的分析。

（4）生产有关部门的经营报告。该板块将提供生产有关部门的经营报告，如生产、成型、动力、企业管理、生产管理、质量管理、仓储管理、设备管理等。该板块主要内容包括生产记录统计报告、设备统计报告、过程质量统计报告等。

（5）实时的数据统计和报表的生成。通过对工作单的执行过程中的生产、设备、质量、工艺、材料等的操作和使用状况进行了统计与分析，并能自动地产生相应的日报、月报等报告。这样就可以达到信息的共享，给管理者提供决策上的帮助，让有关的管理者能够对生产过程中每一个阶段的运作状况进行及时而准确的了解，从而帮助他们做出合理、高效的决策。

5）迭代优化闭环

数字孪生车间通过对生产过程的全要素、全流程、全业务进行综合分析，建立了"人、机、料、法、环、测、能"在生产全过程的优化能力模型。该模型包括以下闭环过程："资源配置→监控诊断→迭代优化→资源配置"，通过不断地进行迭代优化，实现生产计划能力逐步调优。

迭代优化服务涵盖了以下方面：

（1）生产计划迭代优化。不断优化生产计划，确保生产过程的高效性和灵活性，以适应市场需求和资源变化。

（2）人员计划迭代优化。优化人员的配置和培训，提高生产人员的技能水平，以增强生产效率和质量。

（3）设备作业计划迭代优化。通过对设备的运行情况进行监控和诊断，持续优化设备的作业计划，提高设备的利用率和性能。

（4）原辅料迭代优化。对原辅料的使用进行监测和诊断，不断优化原辅料的配比和使用方式，降低生产成本，提高产品质量。

（5）工艺技术标准迭代优化。持续改进工艺技术标准，以提高生产过程的稳定性和一致性。

（6）环境温度湿度迭代优化。对生产环境的温度和湿度进行监测和调控，以确保生产过程的稳定性和产品质量。

通过这些迭代优化服务，数字孪生车间能够持续优化生产过程，不断提高生产效率和质量，从而实现生产计划能力的逐步提升。图7-4所示为迭代优化闭环示意图。

6）仿真技术的作用

通过构建动态计算机模型来研究复杂的生产系统，可以深入探索生产

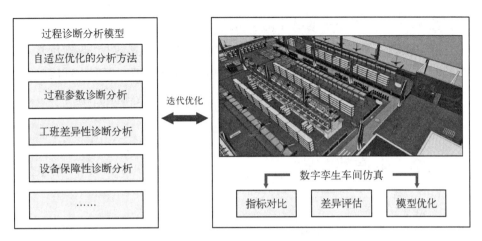

图 7 - 4 迭代优化闭环示意图

系统的特性,并优化其性能。通过这些模型,可以对库存和在制品比例进行动态模拟优化,并对生产设备的利用率进行统计。同时,可以避免对现有生产系统进行干扰。这样,通过在虚拟环境中对新工艺进行验证和优化,更好地了解系统的行为和性能,为决策提供科学依据和支持。在数字化环境中对车间/生产线进行仿真优化的价值主要包括以下内容:

(1)尽早发现失误。在一个公司的生产流程中,最优的布置和设计是一个非常关键的步骤。利用三维生产线仿真验证技术,能够尽早地检测出缺陷,减少修改的代价。如果问题是在较晚的时候才被察觉,那么整体的亏损就会呈指数上升。

(2)施工方案演示。在新建厂房或老厂房改建过程中,对平面模型进行快速的设计与修正,大大提高了设计的效率。在工程实施过程中,可以采用更加直观的三维模型。通过对两种不同类型的设备进行仿真,得到了设备利用率、加工节拍、物流次序等各方面性能参数的变化情况。

(3)降低投入费用。在保证生产能力的前提下,要尽量降低投入,同时要增加设备的生产能力。对于平衡生产存货而言,可通过计算产量和存货数量来达到对生产资源的最大利用。

(4)物流路线的优化。通过对模拟模型的连续运转,可以对物流的密度和方向进行分析,由此提高生产能力,减少物流的运输距离。

(5)生产数据分析。对将来的实际生产结果进行预估,与预计的计划目标相比较,并通过布置的最佳化来达到最优。

(6)瓶颈位置分析。通过对生产线的节拍进行计算,找出瓶颈位置,就能够对其进行相应的功能分析,并对取消这个瓶颈位置之后能够得到的收入进行统计和分析,以此来比较排除这个瓶颈位置的成本是否值得。

7.2 生产线建设

7.2.1 车间网络架构

通过数字化车间的实施,实现了设备之间的信息交流和数据共享,使车间内的生产流程更加高效智能。同时,这些数据也可即时传输到数据交换服务器,为车间管理层提供实时的生产指标和运营数据。管理人员可以通过手机移动终端 APP 进行监控和分析,及时做出决策并优化生产计划。

数字化车间的应用还涉及对生产数据的深度分析和处理。借助大数据技术,可以挖掘出隐藏在海量数据中的有价值信息,从而优化生产过程、提高生产质量和效率。这种数据驱动的生产方式,将有效地促进车间的智能化和自动化发展。

总体而言,数字化车间的建设为企业提供了更加智能化、高效化的生产方式,有效地推动了工业制造的升级和转型。同时也在智能制造和大数据应用领域积累了宝贵的经验,为未来工业发展带来更多可能性。图 7-5 所示为网络架构图。

7.2.2 系统集成

积极研发开放式多媒体工业网络系统(open multimedia industrial network system,OMIN),其主要作用是促进数字化车间生产设备与软件系统之间的有效互联互通。在设备层面,OMIN 采用定制化的数控系统、现场总线 I/O、PLC 和机器人等设备控制功能,将这些功能映射到车间生产活动所需的工艺流程中。最终,通过以太网或无线局域网(Wi-Fi),基于超文本传送协议(hypertext transfer protocol,HTTP),OMIN 将各种控制信息

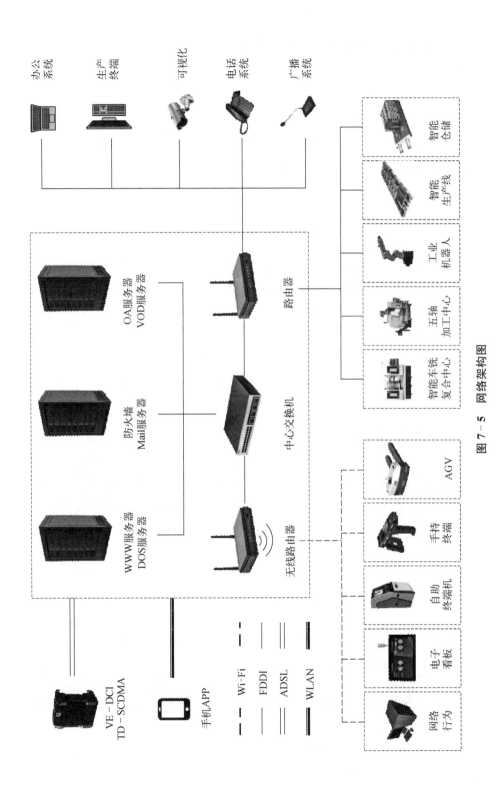

图 7 - 5 网络架构图

传递给相关模块的功能单元,从而实现设备与软件系统之间的高效互联互通。

生产设备执行层的设备通过 Powerlink[①] 或 Ethercat[②] 总线,以及 USB 与生产设备操作控制层设备相连接。在生产设备操作控制层,设备遵循 OPC UA 通信标准协议,并与生产运行管理协议抽象层接口兼容,以确保数据采集、信息模型化以及车间基层与企业管理层之间的通信安全可靠。这样的设计保证了车间内部各个设备与软件系统之间的集成流畅且高效。

7.2.3　智能服务数据交换体系

在基于"互联网＋智能制造"理念的数字化车间/生产线中,建立了一个全面覆盖各业务环节的智能服务数据交换体系,旨在实现内外部信息的高效互联互通。该平台支持多种信息交换和传输方式,包括有线网络、无线 Wi‐Fi、蓝牙和手机移动终端 APP 等。企业管理和生产运营的各个环节均可通过内部局域网和互联网在大数据交互平台上进行数据共享、信息交换与即时处理。整个系统由多个协同运行的功能模块构成,其中包括 MES、订单 OMS、WMS、SCM、HRS、ERP、EMS 和 PLM 等。

该智能服务数据交换体系成为核心驱动力,促使各功能模块相互协作,实现融合"互联网＋智能制造"理念的高效生产经营模式。通过强化功能模块之间的分工协同,数字化车间的生产经营得以优化,同时满足现代企业对信息化、智能化生产的需求。这一整合性平台不仅加强车间内部的信息流动,而且还拓展与外部主体之间的联系。

7.3　生产线总装总调

7.3.1　现场调研与风险评估

无论是改造旧的生产线,还是重新装配新的流水线,都是一个庞大的系

---

① 一种基于 TCP/IP 协议的高速实时总线。
② 一种以以太网为基础的现场总线。

统工程。企业必须不断地更新和改进现有的生产流程。其中,最重要的是如何实现生产工艺的优化,并与自动化生产线的升级相匹配,这就要求设计人员充分掌握和运用自动化知识,对不适宜自动更新的流程进行优化。基于该模型,将优化后的流程映射到生产线设计图中,并对其进行多次修正,最终得到流水线布局规划。这一优化过程贯穿于调查、设计、执行的全过程。优化流程如图 7-6 所示。

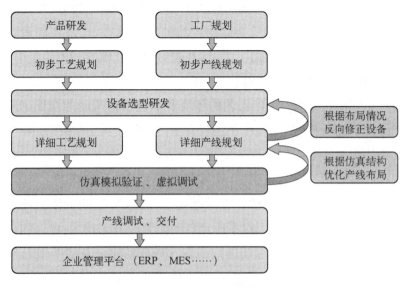

图 7-6　优化流程图

7.3.2　产品及工艺流程分析

在进行生产线总装前,首要任务是进行详尽的企业产品调研,以深刻理解产品的特性、生产线总装的关注焦点和应当注意的事项。这一过程的关注点可以细分如下:

(1)产品类别与计划。首先,要对产品类别进行分析,将所生产的产品数量纳入考量,并以最大产出量为基准来计划。另外,还需对多品种生产线的需求进行评价,并研究不同品种间的转换次数。这涉及当产品转换时,是否要替换很多模具,以及模具替换的方法是否要求自动化。另外,对于有无混线的情形,混线对自动生产线的设计可能产生的影响也有待进一步研究。

(2)人员需求。人员需求决定生产线需要多少员工。在没有严格的规则的情况下,必须在投入成本,技术难度和人员成本上达成一个平衡。

(3) 节拍要求。评估是否需要大批量高节拍地生产产品,以及自动化生产线升级后是否对产品生产节拍有更高的要求。若在一些重要位置,因工艺因素而不能进一步提升,则可考虑采取多个设备一起运行的方法。

(4) 品质要求。了解企业对产品的制造合格率的要求,尤其是军工等高要求的产品,要达到 100% 的合格率。不合格品的处置过程,包括返工和废弃,也要考虑到目前的不合格品率,并计算出暂时的不合格品库存容量。

(5) 产品危险性。评估所制造的产品的潜在危害,以及在制造时是否会对工人的人身安全构成威胁。因此,在进行自动化流水线的设计时,应充分考虑如何防止与之有关的问题。

(6) 生产环境要求。生产工艺的环境要求包括对车间的温度、湿度、有害气体的排放进行控制,危险作业区与安全门的间距是否满足,也要考虑有没有设备的干扰。

在对产品有了一定的认识后,就可以进行生产过程的调查。首先,对现有的手工制造工艺进行了理解。在此基础上,对各工序的工作原理进行分析,并对其进行可行性评价。对不适合自动化生产的老技术,可以和企业相关人员商量一下,看能不能对其进行调整。将自动化设备的升级与优化相结合,制订出适合于实现自动化生产的先进工艺,并画出最优的生产流程图。

7.3.3 工艺设备研发与生产线规划

通过深入研究产品生产工艺,进行工艺设备的详尽整理。这些设备可以被分为三个主要类别:采购设备、改造设备和非标设备。在采购设备方面,首要任务是仔细筛选供应商,详细核查设备参数,以确保其是否满足使用要求。一旦核实,便可选定合适的设备型号,并记录采购周期等关键信息。

对于改造型设备,首要任务是搜集原始设备的相关信息,深入了解各接口的兼容性情况,并明确设备改造的难度和潜在风险。这个过程需要细致入微的分析和评估。

非标设备的处理原则:首先,需要通过对当前手工工作方式的深入调研制订初步设计方案。一旦制订方案,需要与客户进行详细的沟通,以确保方案的理论基础得以确认。然后,将方案进一步细化,包括设备内部机械结构的详细规划以及各种结构件的选型。在某些情况下,还可能需要进行运动仿真模拟,以验证设备的性能和可行性。这个过程需要高度的专业知识和技术能力。

7.3.4　智能化物流仓储

在生产线的总装中,物流和仓储是一个不可缺少的重要步骤。利用智能化的物流和仓库管理系统,可以使原材料、配件库和成品的高效流通和运输。在此基础上,提出一种基于立体仓库的堆垛机搬运方式和立体存储方式,有效地提高仓库的作业效率,同时还可以减少因手工操作引起的储存和运输成本,使运输效率得到进一步的提升。这样的智能化改造,不仅将仓储、物流、仓储等各个环节都变成数字化,还赋予它智能化的运输功能。

数字化车间中的智能化物流仓储是指利用先进的技术和系统来优化生产过程中的物料仓储和管理,以提高生产效率和降低成本。智能化物流仓储的关键特点如下:自动化存储系统,采用自动存储系统(automated storage and retrieval system,AS/RS)等设备,实现货物的自动化存储和检索,AS/RS 通过智能的货位管理和仓储机器人,可以自动将货物存储到指定位置,并在需要时迅速检索出来。

这种自动化存储系统可以提高仓储容量利用率,减少人工操作,且操作精度高;智能仓库布局,在数字化车间中,智能化物流仓储会考虑到仓库空间的合理布局,根据物料的特性和工艺流程,优化仓库的布局,使得物料的流动路径最短、最顺畅,减少行走时间和距离;货位管理与跟踪,引入传感器、RFID 等技术,对货物进行跟踪与管理,每个货位都配备信息标识,可以实时获取货物的位置和状态,通过物流监控系统,可以准确掌握库存情况,及时调度和管理货物;智能分拣与打包,采用自动分拣系统,通过机器人、传送带等设备将不同的物料进行分类和分拣,分拣过程中可以结合视觉识别技术,实现高速、高准确性的分拣操作,同时,智能化物流仓储还可应用自动化打包设备,提高打包效率和一致性;数据集成与优化,通过数据集成,将物流仓储系统与其他生产管理系统、供应链管理系统等进行连接,可以实现数据的共享和实时更新,使得物流仓储系统在生产过程中能够更加智能地做出决策和调整,提高物流效率和准确性。通过数字化车间中的智能化物流仓储设计,可以实现物料的精确管理、高效操作和自动化运作,提高生产效率、降低成本,并有效应对复杂的物流需求。

在建立智能化的仓库管理体系中,需要对设备层、操作控制层和企业层的结构进行优化。设备层包括立体仓库、智能叉车、码垛机器人、提升机等仓储设备,与 AGV、智能托盘、物流机器人等物流设备,以及 RFID、机器视觉、智能摄像头等识别装置的配置。在操作控制层上,为了有效地控制仓储作业,将 WMS、WCS、TMS 等运营管理软件进行整合。在企业层,需要将与 ERP、客户关系管理系统(customer relationship management,CRM)、供应链管理(supply chain management,SCM)等管理软件进行集成,从而使采购、计划、库存管理、送货等多个功能模块相互融合,形成一个严密的闭环。

第8章

运 行 维 护

运行维护在数字化生产线中的作用是确保生产线的稳定运行和高效生产。通过实施预防性维护、故障排除和设备优化,运行维护团队可以检测和解决潜在问题,减少设备故障和停机时间,并提高生产线的可靠性和效率。同时,运行维护还负责设备的监控和数据分析,以实现实时监测和数据驱动的优化决策,进一步提升生产线的性能和质量。

8.1 应用培训

在数字化车间/生产线的管理体系中,有效的应用培训是保证生产流程顺畅运行的关键。培训体系,旨在帮助所有参与者熟练掌握数字化系统的操作,理解标准操作规程(standard operating procedure, SOP)的重要性,并能在遇到设备故障时,进行有效的应对和运维。

8.1.1 操作培训

操作培训包括硬件设备的使用和软件系统的操作两部分。具体来说,硬件部分是对自动化设备、控制系统等进行详细的介绍和操作演示。软件部分,会针对生产管理系统、设备维护系统等软件进行详细的讲解和模拟操作。

培训方式既有面对面的实地操作,也有在线的视频教程和互动问答,以适应不同的学习需求和节奏。通过这样的操作培训,员工能够熟练掌握数字化系统的使用,提高生产效率。

在操作培训中,可以采用以下方法:

(1)制订详细的操作手册和培训计划,对操作过程进行详细的分析和说明,让员工掌握正确的操作方法和技巧。

(2)进行实践操作和技能训练,让员工亲自操作设备和工具,通过实践操作来提高操作技能和效率。

(3)培养操作规范和安全意识,让员工在操作过程中注重操作规范和安全性,避免因不规范的操作导致设备故障和安全事故的发生。

(4)推广操作经验和技巧,鼓励员工分享自己的操作经验和技巧,促进员工之间的交流和学习。

8.1.2　SOP

在数字化车间/生产线中,制订了一系列的 SOP,以确保每一步操作都能够按照预期进行。这些流程涵盖了从原材料入库,到产品出库的每一个环节。通过培训,每一个员工都能理解和执行这些标准作业流程。同时也需对执行情况进行定期的评价和反馈,以确保流程的执行效果,并根据实际运行情况进行必要的调整。

作业标准化就是把作业过程中的各项操作标准化。通过这样操作,不同的员工就可以按照标准的操作完成工作,从而保证了产品质量和服务质量。作业标准化通常是通过标准作业程序来实现的。SOP 就是将某一事件的标准操作步骤和要求以统一的格式描述出来,用来指导和规范日常的工作,又被称作标准操作程序或标准操作规程。SOP 是一种流程化、精细化、标准化的文档,旨在确保一个岗位的工作过程和结果的一致性。它是一种具体操作层面的作业程序,描述了一个作业过程的步骤和活动控制程序。SOP 不仅仅是理念,更是一种标准的作业程序。所谓标准,在这里具有最优化的含义,即 SOP 是经过实践不断总结出来的在当前条件下可以实现的最优化的操作程序。

通过 SOP,每个员工都可以按照相关标准规定来进行工作,从而降低出现大的错误或失误的概率,并且即使出现错误或失误,也可以通过 SOP

的步骤检查发现问题并加以改进。此外,SOP 还可以提高日常工作的连续性和相关知识的积累,从而为企业节约管理成本。

在 SOP 的制订和实施过程中,需要注意以下几点:

（1）确定 SOP 的内容和范围,对生产过程进行详细的分析和说明,制订标准的操作流程和规范。

（2）撰写 SOP 的文档和操作手册,将 SOP 的内容详细地记录下来,方便员工参考和学习。

（3）培训员工使用 SOP,通过操作培训和技能训练,让员工掌握 SOP 的内容和要求。

（4）定期更新和优化 SOP,根据实际情况对 SOP 进行调整和改进,以适应不同的生产需求和环境变化。

SOP 是数字化车间/生产线建设中的重要工具和手段,它可以规范和标准化生产过程,提高生产效率和产品质量。在制订和实施 SOP 时,应该注重 SOP 的可操作性和实用性,同时还要注重 SOP 的更新和优化,根据实际情况对 SOP 进行调整和改进,以适应不同的生产需求和环境变化。

8.1.3 故障运维

虽然数字化系统在设计时已经尽可能考虑了稳定性和可靠性,但是在实际运行中,仍然可能会遇到各种故障。因此,需要为员工提供故障运维的培训,包括如何报告故障、如何诊断问题,以及如何进行基本的故障修复。同时,也需强调预防性的维护和定期的设备检查,以减少故障的出现,保证生产的顺畅进行。

故障运维是数字化车间/生产线建设中的重要环节,对于提高设备的稳定性和运行效率具有重要的作用。故障运维应该注重快速响应和解决故障,同时还要注重故障预防和故障分析,通过故障预防和故障分析来降低故障率和提高设备的可靠性。

作为车间生产的主要载体,生产设备不可避免地会发生故障,设备维护是数字化车间建设的一大课题。智能维护专家、美国辛辛那提大学李杰教授在《工业大数据》一书中写道:制造企业设备故障的突然发生,不仅会增加企业的维护成本,而且会严重影响企业的生产效率,使企业蒙受巨大损失。据调查,设备 60% 的维护费用是由突然的故障停机引起的,即使在技术极为发达的美国,每年也要支付 2 000 亿美金来对设备进行维护,而设备停机所带来的间接生产损失则更为巨大。

在企业中,常见的设备维护方式可分为三种:事后维护、预防性维护与预测性维护,如图 8-1 所示。

事后维护　　　　　　预防性维护　　　　　　预测性维护

图 8-1　常见的三种设备维护方式

1) 事后维护

事后维护(也称被动维护)是企业中常见的维护方式,是在故障出现后用最短的时间快速完成设备的维护,最大程度上减少停机时间。由于机床的主轴、丝杠等关键部件损坏所导致的故障维护时间度较长。除了设备直接损失以外,设备故障也会对生产进度带来更为严重的影响。

与被动维护相对的就是主动维护,主动维护又分预防性维护与预测性维护。

2) 预防性维护

预防性维护是指为避免突发和渐进性故障及延长设备寿命,按照经验、相关数据或设备用户手册等传统手段对设备定期或以一定工作量(如生产产品件数)为依据进行检查、测试和更换,可在一定程度上避免潜在故障带来安全和停机等风险。这种定期或者凭经验的维护存在不够准确、不够经济等缺点。有些设备可能并没有磨损或没有衰退到要维护的程度,提前的维护就造成人工及资源的浪费,并影响正常的生产。对衰退严重的设备按照固定时间去维护,又可能因为时机的延迟而造成设备的加速老化,影响产品质量,甚至带来严重的安全隐患。传统的设备维护与维护管理方式制约了企业高效、高质、低成本的生产,也远远滞后企业实现智能制造的需求。

3）预测性维护

随着数字化设备以及传感器、数据采集、网络传输、大数据分析等技术的发展，准确、及时、经济的预测性维护已成为当前发展趋势。

预测性维护是在设备运行时，对设备关键部位进行实时的状态监测，基于历史数据预测设备发展趋势，并制订相应的维护计划，包括推荐的维护时间、内容、方式等等。预测性维护集设备状态监测、故障诊断、故障（状态）预测、维护决策和维护活动于一体，是近些年新兴的一种维护方式，如图 8-2 所示。

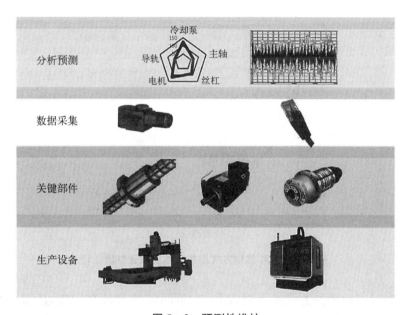

图 8-2　预测性维护

根据美国联邦能源管理计划所（Federal Energy Management Program，FEMP）的研究，预测性维护在工厂中的应用效果显著。它可以将维护成本降低 25%～30%，消除生产宕概率 70%～75%，降低设备或流程停概率 35%～45%，提高生产率 20%～25%。

预测性维护不仅在生产效率方面带来明显的改善，还可以在产品质量、设备寿命和人机安全等方面发挥重要作用。因为设备关键参数可以被持续监测并及时保养，所以预测性维护非常有价值。

与事后维护和预防性维护相比,预测性维护更具优势。事后维护是一种被动维护方式,在设备出现问题之后才进行维护。这会导致生产停滞,引起额外的生产损失,加之设备自身维护成本,造成总体损失最大。预防性维护常常是在没有必要或者超过最佳维护时间点时进行,这会导致维护成本增加和生产停滞。相比之下,预测性维护是一种基于设备健康状况的维护方式。在生产任务未满负荷时,可以根据设备状况进行必要的维护,既保证设备正常运行,又将对生产影响降至最低,同时能够将维护成本降至最低,并且保证设备性能处于最佳状态。图 8-3 比较三种维护方式在维护成本和设备性能等方面的不同。

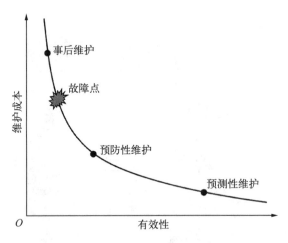

图 8-3　三种维护方式维护成本及设备性能比较

当然,三种维护方式对不同设备、在不同场景下各有优势,还需要根据实际情况与性价比综合确定,比如,车间中一些常见的、低成本设备就不可能采用预测性维护的方式去代替事后维护,从技术上与经济上都不划算。预测性维护从技术层面可分为四个步骤:状态监测、故障诊断、状态预测、维护决策。

（1）状态监测。该步骤工作主要是通过设备数字化接口或者外置传感器等方式采集所需数据,为后续工作提供数据基础。对于数控机床等数字化设备,由于设备的开放性越来越好,设备支持相关的接口函数或者通信协议,预测性维护系统可以通过设备物联网等方式直接读取所需数据,如实时的主轴功率、主轴温度、故障信息等，为预测性维护提供数据基础。对设备不能提供的数据，需要外加传感器采集，如振动、噪声等状态参数。

（2）故障诊断。根据设备实时状态及相关参数，基于大数据、专家知识库等技术对这些参数进行数据清洗与分析，判断诊断设备是否正常。

（3）状态预测。状态预测是根据设备的运行状态与参数信息，评估部件当前状态并预测未来的发展趋势。常用的有时序模型预测法、灰色模型预测法和神经网络预测法等算法。

对标对象分为单机对标及集群对标等。单机对标就是指以设备自身健康状态的历史数据，通过机器自学习等方式建立基准模型，当监测到设备参数有不健康趋势时予以提醒。但单机对标有一定的局限性，比如，由于采集数据种类等的不全面容易导致预测不准确。

集群对标就是通过互联网、大数据、云计算等技术，对同类机台之间的差异性进行比较与分析，从而提供更加可靠的健康评估和诊断结果，实现整个企业甚至更大范围的集群管理与预测。

（4）维护决策。维护决策是系统基于知识库及相关算法，根据状态监测、故障诊断和状态预测的结果进行维护可行性分析，以可视化手段给出维护计划，包括维护的时间、地点、人员和内容等。

近年来，设备预测性维护得到了快速的发展，预测性维护进入了高速发展期。

8.2 方案优化

8.2.1 功能迭代

功能迭代是数字化车间/生产线建设中的重要手段，它可以根据实际需求进行功能的扩展和更新，提高生产效率和产品质量。在功能迭代时，应该注重功能的实用性和可靠性，同时还要注重功能的兼容性和稳定性，以确保系统的稳定运行和生产效率的提高。在功能迭代中，可以采用以下步骤：

（1）确定迭代目标和指标，对系统功能进行详细的分析和说明，确定迭代目标和指标。

（2）进行功能设计和开发，根据迭代目标和指标，设计和开发不同的系统功能，以提高生产效率和产品质量。

（3）进行功能测试和验证，对新开发的功能进行测试和验证，确保功能的实用性和稳定性。

（4）建立功能迭代的机制和体系，定期对系统功能进行评估和优化，不断改进和提高生产效率和产品质量。

在数字化车间和生产线中，功能迭代是保持生产效率和质量的重要手段。具体而言，数字化车间和生产线的功能迭代通常包括以下几个方面：

1）传感器和数据采集

数字化车间和生产线中通常会采用各种传感器和数据采集设备来实时监测生产过程中的各种参数和数据，如温度、湿度、压力、速度等等。通过不断地改进和优化这些设备，可以提高数据采集的精度和效率，从而更准确地掌握生产过程的情况。

传感器和数据采集设备是数字化车间和生产线中的重要组成部分，它们能够实时监测生产过程中的各种参数和数据，如温度、湿度、压力、速度等等。这些数据可以用于生产过程的监控、优化和控制。因此，传感器和数据采集设备的功能迭代对于数字化车间和生产线的优化至关重要。

针对传感器类型和数量的功能迭代，可以通过增加或改进传感器类型和数量来提高采集数据的质量和准确度。例如，在汽车制造行业中，为了提高生产效率和质量，可以使用多种传感器来监测汽车生产过程中的各个环节，如钢板冲压、焊接、喷漆等等。针对数据采集效率和稳定性的功能迭代，也可以通过改进数据采集设备的算法和硬件来提高数据采集的效率和稳定性。例如，可以使用高精度的传感器和数据采集设备，同时改进数据采集算法，以实现更加精确和稳定的数据采集。传感器和数据采集设备的功能迭代需要紧密结合生产实际需求，同时需要充分考虑技术的可行性和稳定性，以实现生产效率和质量的持续提升。

设备数据采集是制造运营管理（manufacturing operations management，MOM）与底层设备操作控制层交互的桥梁，也是各类设备数据的集中存储库。该模块与底层的生产设备通过 PLC、数据库、软件系统等方式进行集成，与制造运营管理系统其他模块通过消息队列遥测传输协议（message queuing telemetry transport，MQTT）或 WebService 柔性集成。

设备数据采集主要负责对采集到的数据进行加工和处理，同时提供业务管理功能，具体包括基础配置管理、设备任务管理、设备集成管理、数据采集与处理管理、数据存储管理、设备运行监控管理、数据交互管理等。

从计划管理中生成的设备任务清单，会通过设备数据采集与设备集成接口，分发给生产设备。设备数据采集通过设备集成接口从生产设备获取过程信息、结果信息、设备状态、故障信息、环境信息等数据，并经过加工处理形成订单进度数据、生产数据、设备故障信息等，再通过 MQTT 或 WebService 反馈给制造运营管理系统的其他模块。

例如，复杂电子设备生产环境下的设备数据采集网络架构中的总装车间包含 3 条生产线，微组装车间包含 1 条生产线，MOM 系统的设备数据采集可通过以太网交换机与智能车间信息化展示系统连接。该智能车间的设备数据采集实现了总装车间的装配机器人、力矩工具等设备集成互联，以及过程数据的采集。

2）数据分析和决策支持

通过对采集到的数据进行分析和处理，可以更好地了解生产过程中的问题和瓶颈，从而提出改进和优化方案。同时，数字化车间和生产线中通常会引入人工智能和机器学习技术，以实现自动化的决策支持和智能优化。

数字化车间和生产线中采集到的数据需要进行分析和处理，以提取有用的信息并指导生产过程的优化和控制。因此，数据分析和决策支持的功能迭代也是数字化车间和生产线的重要组成部分。

数据处理效率和精度的功能迭代，可以通过改进数据处理算法和软件来提高数据处理的效率和精度。例如，在制造行业中，可以使用各种数据分析软件和算法，例如基于机器学习的算法、神经网络算法等等，以实现更加高效和精确的数据处理。针对机器学习和人工智能技术的功能迭代，也可以通过引入这些技术来实现自动化的决策支持和智能优化。例如，在数字化车间和生产线中，可以使用机器学习和人工智能技术来分析和预测生产过程中的各种问题和瓶颈，并提出相应的优化方案，以提高生产效率和质量。数据分析和决策支持的功能迭代需要紧密结合生产实际需求,同时需要充分考虑技术的可行性和稳定性,以实现生产效率和质量的持续提升。

3)生产管理和调度

数字化车间和生产线中的生产任务通常会通过计算机系统进行管理和调度,实现生产过程的自动化和智能化。通过不断地改进和优化这些系统,可以提高生产效率和灵活性,从而更好地适应市场的变化和客户需求。

数字化车间和生产线中的生产任务通常会通过计算机系统进行管理和调度,实现生产过程的自动化和智能化。因此,生产管理和调度的功能迭代也是数字化车间和生产线的重要组成部分。

生产任务的灵活性和可调度性的功能迭代,可以通过改进生产管理和调度系统来提高生产任务的灵活性和可调度性。例如,在数字化车间和生产线中,可以使用智能化的生产调度系统来自动化地分配生产任务,并根据生产过程的实际情况进行实时调整,以最大限度地提高生产效率和质量。针对自动化决策和优化的功能迭代,也可以通过引入自动化决策和优化算法来实现生产过程的自动化和智能化。例如,在数字化车间和生产线中,可以使用各种智能算法和优化模型,如最优化算法、遗传算法、模拟退火算法等等,以实现自动化的生产决策和优化。

生产管理和调度的功能迭代需要紧密结合生产实际需求,同时需要充分考虑技术的可行性和稳定性,以实现生产效率和质量的持续提升。

4)人机界面和交互体验

数字化车间和生产线中的人机界面和交互体验也是功能迭代的重要方面。不断地改进和优化这些界面和交互方式,可以提高工人的使用效率和舒适度,从而提高生产效率和质量。

数字化车间和生产线中的人机界面和交互体验也是功能迭代的重要方面。针对人机界面和交互体验的功能迭代,包括以下方面:

针对人机界面的易用性和舒适度的功能迭代,可以通过改进人机界面的设计和交互方式来提高工人的使用效率和舒适度,从而进一步提高生产效率和质量。例如,在数字化车间和生产线中,可以使用更加人性化的界面设计和交互方式,例如直观的图形界面、简单的操作流程等等,以提高工人的使用效率和舒适度。新的交互方式的功能迭代,也可以引入新的交互方式,如语音识别、手势识别、虚拟现实等等,以进一步提高人机交互的效率和舒适度。如在数字化车间和生产线中,可以使用语音识别技术来实现工人的语音控制,以减少操作流程和提高使用效率;同时,可以使用虚拟现实技术来模拟生产过程中的各种情景,以提高工人的培训效果和操作技能。总之,人机界面和交互体验的功能迭代需要紧密结合生产实际需求,同时需要充分考虑技术的可行性和稳定性,以实现生产效率和质量的持续提升。

在数字化车间和生产线中进行功能迭代需要严格控制风险,避免因为改动导致生产线停止或者出现严重问题。因此,在进行功能迭代之前,需要进行充分的测试和验证,以确保新功能的稳定性和可靠性。同时,需要做好版本管理和备份工作,以便在出现问题时能够快速地返回到之前的版本。在功能迭代中,需要注意以下几点:

(1)确定迭代目标和指标时,应该注重实际生产需求和环境变化,确保迭代目标和指标的合理性和可行性。

(2)进行功能设计和开发时,应该注重系统的灵活性和可扩展性,确保新开发的功能可以与现有系统无缝集成。

(3)进行功能测试和验证时,应该注重测试的全面性和可靠性,确保新开发的功能可以稳定运行。

(4)建立功能迭代的机制和体系时,应该注重长期效果和可持续性,定期对系统功能进行评估和优化,不断改进和提高生产效率和产品质量。

8.2.2 逻辑简化

逻辑简化是数字化车间/生产线建设中的重要手段,它可以简化操作流程,减少冗余环节,提高工作效率。在逻辑简化时,应该注重逻辑的清晰性和简洁性,同时还要注重逻辑的可扩展性和可维护性,以确保系统的高效运行和未来的可靠性。逻辑简化是数字化车间和生产线中的一个重要方面,它旨在通过简化生产过程中的操作流程和减少人工干预,从而提高生产效率和质量。

逻辑简化的具体实现包括以下几个方面:

(1)自动化生产过程。通过引入自动化设备和生产线,将生产过程中的各个环节自动化,减少人工干预和操作流程,从而实现生产过程的自动化和高效化。例如,在汽车制造行业中,通过引入自动化焊接机器人和自动化喷涂设备,实现汽车生产过程中的自动化和高效化。

(2)优化生产流程。通过对生产流程进行优化,减少冗余环节和无效操作,从而简化生产流程,提高生产效率和质量。例如,在电子制造行业中,可以通过优化生产流程和工艺,减少电子产品的组装和测试时间,提高生产效率和质量。

(3)引入智能化设备和算法。通过引入智能化设备和算法,实现生产过程的智能化和高效化。例如,在数字化车间和生产线中,可以使用机器学习和人工智能技术,对生产过程中的各种问题进行分析和预测,并提出相应的优化方案,以实现生产过程的智能化和高效化。

(4)优化人机交互。通过优化人机交互方式,减少人工干预和操作流程,从而提高生产效率和质量。例如,在数字化车间和生产线中,可以使用语音识别技术和虚拟现实技术,实现工人的语音控制和虚拟培训,从而减少操作流程和提高使用效率。

逻辑简化的步骤如下:

(1)确定逻辑简化目标和指标,对系统逻辑和流程进行详细的分析和说明,确定逻辑简化目标和指标。

(2)进行逻辑分析和优化,根据逻辑简化目标和指标,分析和优化系统逻辑和流程,以简化系统操作和提高系统运行效率。

(3)进行逻辑测试和验证,对逻辑简化后的系统进行测试和验证,确保系统的稳定性和可靠性。

(4)建立逻辑简化的机制和体系,定期对系统逻辑和流程进行评估和优化,不断改进和提高生产效率和产品质量。

在逻辑简化中,需要注意以下几点:

(1)确定逻辑简化目标和指标时,应注重实际生产需求和环境变化,确保逻辑简化目标和指标的合理性和可行性。

(2)进行逻辑分析和优化时,应注重系统的稳定性和运行效率,确保逻辑简化后的系统能够稳定运行。

(3)进行逻辑测试和验证时,应注重测试的全面性和可靠性,确保逻辑简化后的系统可以稳定运行。

（4）建立逻辑简化的机制和体系时，应注重长期效果和可持续性，定期对系统逻辑和流程进行评估和优化，不断改进和提高生产效率和产品质量。

逻辑简化是数字化车间和生产线中的一个重要方面，它可以通过自动化生产过程、优化生产流程、引入智能化设备和算法以及优化人机交互方式，实现生产效率和质量的持续提升。

8.2.3　软件优化

软件优化是数字化车间/生产线建设中的重要手段，它可以优化软件的性能和稳定性，提高系统的可靠性和安全性。在软件优化时，应该注重软件的质量和安全性，同时还要注重软件的可维护性和可升级性，以确保软件的高效运行和未来的可靠性。

在数字化车间和生产线中，软件优化是实现生产过程自动化、智能化和高效化的重要手段。软件优化可以针对生产过程中涉及的各个环节和领域进行，包括数据采集、数据分析、生产调度、质量管理、设备维护等等。

1）数据采集软件优化

数据采集软件是数字化车间和生产线中的重要组成部分，它负责采集和处理生产过程中的各种数据，如温度、压力、速度、电流等。数据采集软件优化的主要目标是提高数据采集的准确性和效率，从而为生产过程的监测、优化和控制提供可靠的数据支持。具体来说，数据采集软件优化可以从以下几个方面入手：

（1）改进数据采集算法和传感器技术，提高数据采集的精度和稳定性。

（2）优化数据传输和存储方式，提高数据采集的效率和可靠性。

（3）引入机器学习和人工智能技术，对采集到的数据进行分析和预测，实现数据驱动的生产优化。

2）生产调度软件优化

生产调度软件是数字化车间和生产线中的重要组成部分，它负责管理和调度生产任务，并根据实际情况对生产过程进行实时调整，以最大限度地提高生产效率和质量。生产调度软件优化的主要目标是提高生产任务的灵活性和可调度性，从而实现生产过程的自动化和智能化。具体来说，生产调度软件优化有以下几个方面：

（1）引入智能算法和优化模型，自动分配和调度生产任务，并根据实际情况进行实时调整。

（2）改进生产调度系统的用户界面和交互方式，提高工人的使用效率和舒适度。

（3）引入数据分析和预测技术，对生产任务进行分析和预测，提高生产任务的准确性和可靠性。

3）质量管理软件优化

质量管理软件是数字化车间和生产线中的重要组成部分，它负责对生产过程中的质量进行监控和管理，并提供相应的质量反馈和改进措施。质量管理软件优化的主要目标是提高质量管理的效率和准确性，从而实现质量的持续提升。具体来说，质量管理软件优化包含如下内容：

（1）引入智能算法和数据分析技术，对生产过程中的质量进行实时监测和预测，提高质量管理的准确性和效率。

（2）改进质量反馈和改进措施的方式和流程，提高质量管理的反应速度和效果。

（3）引入虚拟现实和增强现实技术，实现质量培训和质量管理的可视化和互动化。

总之，在数字化车间和生产线中，软件优化是实现生产过程自动化、智能化和高效化的重要手段。通过针对数据采集、生产调度、质量管理等方面进行优化，可以提高生产效率和质量，从而实现生产过程的持续提升。在软件优化中，可以采用以下方法：

（1）确定软件优化目标和指标，对软件性能和稳定性进行详细的分析和说明，确定软件优化目标和指标。

（2）进行代码优化和调试，根据软件优化目标和指标，对软件代码进行优化和调试，以提高软件性能和稳定性。

（3）进行软件测试和验证，对优化后的软件进行测试和验证，确保软件的稳定性和可靠性。

建立软件优化的机制和体系，定期对软件性能和稳定性进行评估和优化，不断改进和提高生产效率和产品质量。在软件优化中，需要注意以下几点：

（1）确定软件优化目标和指标时，应该注重实际生产需求和环境变化，确保软件优化目标和指标的合理性和可行性。

（2）进行代码优化和调试时，应该注重代码的可读性和可维护性，确保优化后的代码易于维护和更新。

（3）进行软件测试和验证时，应该注重测试的全面性和可靠性，确保软件的稳定性和可靠性。

（4）建立软件优化的机制和体系时，应该注重长期效果和可持续性，定期对软件性能和稳定性进行评估和优化，不断改进和提高生产效率和产品质量。

8.3　系统升级

系统升级是数字化车间/生产线建设中的重要环节，它可以更新系统的功能和技术，提高系统的性能和稳定性。在系统升级时，应该注重升级的稳定性和可靠性，同时还要注重升级的安全性和兼容性，以确保系统的平滑升级和高效运行。在数字化车间和生产线中，系统升级是保持生产过程自动化、智能化和高效化的重要手段。系统升级包括硬件和软件两个方面，它们都可以针对生产过程中的各个环节和领域进行优化和升级，以达到提高生产效率和质量的目的。

1）硬件系统升级

硬件系统升级是数字化车间和生产线中的重要手段，它可以通过引入新的自动化设备、机器人、传感器等硬件设备，来实现生产过程的自动化和智能化。

（1）引入新的自动化设备和机器人。在数字化车间和生产线中，可以通过引入新的自动化设备和机器人来实现生产过程的自动化和智能化。例如，在汽车制造行业中，可以引入新的自动化焊接机器人和自动化喷涂设备，来实现汽车生产过程中的自动化和高效化。

（2）引入新的传感器和控制系统。传感器和控制系统是数字化车间和生产线中的重要组成部分，它们负责监测和控制生产过程中的各种参数，如温度、压力、速度、电流等等。通过引入新的传感器和控制系统，可以提高生产过程的监控和控制能力，从而实现生产过程的自动化和智能化。

（3）改进现有设备和机器人的性能和功能。对于现有的自动化设备和机器人，可以通过改进其性能和功能，来提高生产过程的效率和质量。例如，在数控机床中，可以引入新的数控系统和控制算法，来提高数控机床的加工精度和效率。

2）软件系统升级

软件系统升级是数字化车间和生产线中的另一个重要手段，它可以通过升级现有的软件系统，或者引入新的软件系统，实现生产过程的自动化和智能化。

（1）引入新的生产调度系统和质量管理系统。通过引入新的生产调度系统和质量管理系统，可以提高生产过程的调度和管理能力，从而实现生产过程的自动化和智能化。例如，在制造行业中，可以引入新的 MES 和质量管理体系（quality management system，QMS），来实现生产过程的智能化管理。

（2）引入新的数据采集和分析系统。通过引入新的数据采集和分析系统，可以提高生产过程的数据采集和分析能力，从而实现生产过程的自动化和智能化。例如，在电子制造行业中，可以引入新的智能物联网系统和数据分析模型，来实现对生产过程的实时监测和预测。

（3）引入新的人机交互系统和虚拟现实技术。通过引入新的人机交互系统和虚拟现实技术，可以提高工人的使用效率和舒适度，从而实现生产过程的自动化和智能化。例如，在数字化车间和生产线中，可以引入新的语音识别技术和虚拟现实技术，实现工人的语音控制和虚拟培训，从而减少操作流程和提高使用效率。

在数字化车间和生产线中，硬件和软件系统的升级都是实现生产过程自动化、智能化和高效化的重要手段。通过引入新的自动化设备、传感器、数据采集和分析系统、生产调度和管理系统、人机交互系统以及虚拟现实技术等，可以不断提高生产效率和质量，从而实现生产过程的持续提升。

第9章

流 程 再 造

为了实现更高效、更灵活和更可持续的生产方式,通过重新设计和优化现有的生产流程,进行流程再造,是新型数字化生产车间经常采取的一种措施。通过应用先进的技术和数字化工具,识别、分析和改进生产过程中的瓶颈、浪费和低效环节,实现资源的最大化利用和生产活动的优化。流程再造还可以促进团队协作和信息共享,提高生产线的协同能力和响应速度,以适应市场需求的变化和不断增长的客户期望。最终,流程再造能够帮助企业提升生产效率、降低成本、提高质量,并增强竞争力。

9.1 效果评价

9.1.1 PDCA 质量管理循环

PDCA 质量管理循环系统,是由 P(Plan 计划)、D(Do 运行)、C(Check 检查)、A(Action 管理)等四个部分所构成的一种工作循环,由美国著名质量管理学家戴明在休哈特所提出的 PDS 理论中归纳、总结所得出[15]。PDCA 质量管理循环系统,是目前认为的全面质量管理各项工作所必须遵守的基本科学管理程式。是全面质量管理各项工作的基础程式,是标准化运行、以大环套小环、周而复始、以阶梯形不断上升的持续改进系统。该理论由 20 世纪 70 年代后期引入我国,最初用于全面质量管理体系,目前已被推广用于国内各个领域与产业。

PDCA 过程模式包括四大发展阶段和八大工作步骤,八大工作步骤分别贯彻在规划、实施、检查总结四大发展阶段中,具体包括:① 观察现状,发现问题,分析影响因素。首先运用鱼骨图、4M1E、5W1H 等方法分析产生问题的各项因素;其次按照二八法则并结合数据资料找出引发此问题的主要因素。② 拟定措施、制订实施计划,按既定方针与目标进行测算,编制一套具体可行的行动计划去执行,尽可能使其具有可操作性;统筹各方资源和力量根据计划目标,认真贯彻执行行动方案。③ 检查试验、评价有效性。检查有关规划的实施情况,以及所产生的结果。将实施成果和期望目标加以比较,对产生问题的环节给出具体的方法,总结经验。④ 固化成果,积极处理遗留问题;标准化是制度化的最高级状态,通过标准化能够有效地把企业人力、物料、生产设施等资源整合起来,将生产作业进行标准定额,便于企业以此进行物资供应,并安排物料流转。标准化工作条件是企业提升生产率和产品品质的关键工具,也是企业进行均衡化生产管理的重要基本条件[16]。任何问题都不能在一次 PDC 质量管理循环系统中全面解决,如果遗留问题是在此次循环管理系统中无法获得解答,则加入下一 PDCA 质量管理循环系统,周而复始,一直螺旋向上。

PDCA 质量管理循环系统作为公认的科学质量管理模型,是企业完善质量控制过程、提升质量管理水平和提高产品质量的有效管理方法,在处理实际问题活动中获得了广泛应用。PDCA 质量管理循环系统不仅适用于所有公司内部或者行业内的各科室、工段、制造厂房乃至个人,而且能满足数字化工厂的生产运作需要。在实际质量管理项目中,PDCA 质量管理循环系统的 P 阶段职责重点是明确品质目标,发现问题并剖析问题成因,提出品质管理方法。D 阶段职责是采取质量管理方法及改进措施以实际产品的管理流程,使具体的品质目标转变为产品的实际品质。C 阶段则是对质量管理流程中的操作有效性进行检查评价。A 阶段则是通过对前期品质管理流程中成功经验与教训的总结,建立制度化与规范性的管理流程,并运用到下一轮循环,以提高高质量控制能力。该阶段的主要要点就是制订规范,必须包括技术规范和质量管理体系,否则就不能够将整个 PDCA 质量管理循环系统转动向前[17]。

9.1.2 数字化车间/生产线评价指标体系

管理的本质归根结底就是实现资源的合理配置。简单来说,资源合理配置就是管理者对所掌握的资源使其用到极致,创造最大的财富,使得生产效率达到最高。因此,数字化车间为了达到一定的生产经济目标,则需要结合组织结构,利用先进的科学管理手段和技术手段,对生产系统进行改造、设计、组合、布局的活动。此行为是确立企业的战略发展方向、合理布置生产要素的关键,也是解决经济系统增长的无限性与企业资源系统供给的有限性矛盾的重要措施[18]。在企业内部系统平衡的前提下,数字化车间通过在时间和空间上最优地利用和分配企业资源,以达到经济效益和资源合理利用的平衡,取得最佳经济效益的目的。

为了评价数字化车间/生产线评价指标体系是否充分实现了资源配置,基于对数字化车间/生产线评价指标体系研究现状的分析,概括出以下几个维度的评价指标。首先,数字化车间要实现高效运行,不仅仅要分析产品质量、生产成本、交货时间等企业竞争焦点,也要结合数字化车间的资源要素互联感知、生产过程高度透明、运行数据实时获取等数字化特性,考虑包括人员与设备在内的相关工作效率等间接统计指标[19];其次,根据产品多品种、变批量以及客户动态定制化需求的市场特点体现车间生产系统的高度柔性,故主要从质量、成本、时间、效率、柔性等五个维度构建数字化车间效率评价指标体系[20]。通过鱼骨图分析,从质量、成本、时间、效率、柔性五个方面对数字化车间指标体系进行分解,如图 9-1 所示。

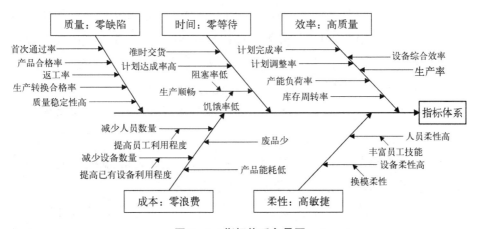

图 9-1 指标体系鱼骨图

9.2 数据应用

9.2.1 统计过程控制

统计过程控制(statistical process control,SPC)是应用统计技术对过程中的各个阶段进行评估和监控,建立并保持过程处于可接受的并且稳定的水平,从而保证产品与服务符合规定的要求的一种质量管理技术[21]。在数字化车间产品生产加工的过程中,产品的尺寸等规格会由于某些原因会发生一定的波动。这种波动会对产品的质量产生一定的影响,但是完全可以通过采取措施来避免和消除这种波动所造成的影响。该措施即过程控制[22]。

在质量管理体系中,统计控制状态是指随着时间变化,过程的均值和方差不随时间的变化而变化,保持恒定不变。通过统计过程控制可以实现对生产过程的全面监视,当过程因素发生变化时,能够迅速识别和反应,并发出请求信号,请求修正处理。经过大量的工厂实践证明的,SPC不仅可以提高产品质量,同时能够提高劳动生产率及保证生产稳定性[23]。尤其在企业的早期发展阶段,提高质量是主要目标,SPC可测量控制过程的变异并显示出来,是质量迅速改进的高效工具。

SPC控制图是基本的质量控制使用工具之一。该方法最早在传统制造业过程管控中使用的,由于其高效率使用规模迅速扩大,并逐渐扩展到数字化车间的生产管控当中[24]。SPC控制图以其简单便捷等优点被广泛使用。例如,在钢轨焊接过程中,依照传统方法无法判定质量问题的主要原因。现利用SPC控制图对钢轨接头质量问题进行系统分析,发现关键参数的异常波动,并将其均绘制在SPC控制图中,对比不同参数在两个时间段的波动,进而找到导致接头质量问题的根本原因,从根本上解决钢轨接头质量问题。SPC控制图的创建和使用主要包括以下七个步骤:

(1) 收集数据。首先,需要收集与待监控的工业过程相关的数据。这些数据可以表示过程参数、产品尺寸或其他质量指标等。确保数据的准确性和完整性非常重要。

（2）确定控制图类型。根据收集到的数据类型和分布特点，选择适合的控制图类型。常见的 SPC 控制图包括平均数图（X - Bar 图）、范围图（R 图）、方差图（S 图）等。

（3）计算统计指标。根据选定的控制图类型，计算出相应的统计指标。通常，平均数图使用样本均值，范围图使用范围或标准差来监控过程的中心线和离散程度。

（4）绘制控制图。使用统计软件或专业的统计工具，将计算得到的统计指标绘制成控制图。控制图上通常包括一个中心线，上下限以及控制界限线，用于判断过程是否处于可接受的范围内。

（5）分析控制图。对控制图进行分析，观察数据点是否在控制界限内，并寻找任何异常或趋势。特别关注超过控制界限的数据点或连续趋势变化，这可能表示存在特殊原因或常规差异。

（6）采取措施。当控制图显示过程存在特殊原因时，采取相应的纠正措施以消除问题。这可能包括排除故障、调整工艺参数、培训操作人员等。

（7）持续监控。持续收集数据并更新控制图，定期进行数据分析和评估。通过持续的 SPC 控制，可以及时发现并纠正潜在的问题，保持过程的稳定性和质量。

SPC 控制理论逻辑流程图如图 9 - 2 所示。

统计控制理论经过多年的发展及不断完善，不仅适用于传统生产车间，在数字化车间管理体系中更是大放异彩。SPC 理论基于其自身优势，目前已被很多企业所采用，主要优势如下：

（1）强大的统计分析能力。SPC 理论以其出色的分析能力，辅助企业做出正确的经济决策。经过多年全球大量企业的运用和考验，开发出了一系列高效的统计方法和实用的分析工具。此外，根据目标和角度不同，可以选择不同的工具从而对数据进行精确分析，充分体现了 SPC 理论的辅助决策作用。

（2）应用范围广阔。在全面质量管理的指导思想基础下，SPC 理论从最初的生产制造过程质量控制，逐步扩展到产品研发、辅助生产、检验、销售、服务及售后等诸多领域的质量控制，涵盖了全过程的干预和管控。

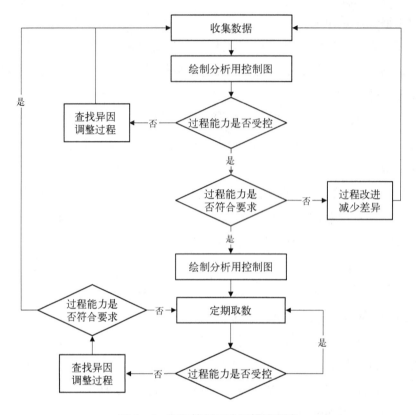

图 9‑2　SPC 控制理论逻辑流程图

（3）与信息技术的有机结合。以计算机网络技术为代表的信息技术的发展，已经充分覆盖到企业管理的各个领域，使得企业部门职能更加细化，对经济数据的精度要求更高。SPC 理论与信息技术的有机结合，不仅可以保障企业对产品质量的要求，更能够及时获取到与产品质量紧密相关的数据。

（4）不断适应时代发展，满足管理需要。随着经济环境的剧变，为了紧跟市场不被淘汰，传统的 SPC 系统面临新的挑战和改革，在符合环境现状的要求下，又要考虑将来发展变化的需求。SPC 系统主要在先进的开发技术，开放性的资源，多样化的平台和灵活性的功能等方面进行升级和改进，以适应新的时代发展。

9.2.2　数据驱动仿真建模

传统生产车间的质量管理通常采用概括性统计，即对已有的质量数据做深层加工运算。该做法仅做事后分析,无法充分发挥事前预防和事中控制的作用。鱼骨图、帕累托图等方法皆是对庞大的数据群做归类和统计,使得过程参数的分析脱离了产品分解出来的设计规格,从而无法达到质量控制的目标。例如,多数产品开发生产使用宽泛的行业标准值,然而用户对产品诸如尺寸、性能等特性要求相对严格,从而使得仅按照行业标准生产出的产品出现不满足用户要求的情况。

为克服上述弊端,数字化车间采用 SPC 作为统计质量管理工具,利用数据进行仿真建模,能精确而科学地检验和判断制造水平是否满足要求,并量化对质量一致性的评价,进而改善质量管理来实现质量提升,以适应市场需要和企业发展。

首先,通过鱼骨图分析法将数字化车间指标体系逐层分解,从不同维度挖掘深层次指标。其次,通过函数关系式对各指标进行定义,从而构建数字化车间指标体系。最后,分别采用最小均方差法进行指标显著性筛选、采用 AGNES 算法进行指标独立性筛选,筛选剩余指标构成了数字化车间指标体系。基于系统收集的生产数据,对质量、成本、时间、效率、柔性数五个维度,分别对相应指标进行仿真建模。

1) 质量维度指标建模

通过首次通过率、产品合格率、返工率等指标来衡量产品质量状况[25]。

首次通过率(first pass yield, FPY)是指车间进行产品检查时,按照合格标准进行第一次检查后,结果就达到合格状态。FYP 的计算方法见式(9-1)。

$$\mathrm{FYP} = 1/p \sum_{q=1}^{p} \mathrm{GP}_q / \mathrm{IP}_q \qquad (9-1)$$

式中,GP 为检验的合格品数量(good product, GP),IP 为受检产品数量(inspected product, IP),产品种类数量为 P。

产品合格率(quality ratio, QR)是合格品数占总产量(production quantity, PQ)的比例。QR 的计算方法见式(9-2)。车间内产品种类不止一种时,可按产品种类分别计算各类产品的合格率,取均值以作为综合的产品合格率。

$$\mathrm{QR} = 1/p \sum_{q=1}^{p} \mathrm{GQ}_q / \mathrm{PQ}_q \qquad (9-2)$$

返工率(rework ratio，RR)是返工产品数量(rework quantity，RQ)占总产量的比例。RR 的计算方法见式(9-3)。

$$RR = 1/p \sum_{q=1}^{p} RQ_q / PQ_q \qquad (9-3)$$

废品率(scrap ratio，SR)是描述物料损耗及生产浪费的一个重要评估指标。SR 的计算方法见式(9-4)。

$$SR = 1/p \sum_{q=1}^{p} RS / PQ_q \qquad (9-4)$$

式中，SQ 是报废量(scrap quantity，SQ)，PQ 是生产量。

对生产转换过程的质量情况自定义一个生产转换合格率指标(production conversion quality ratio，PCQR)来衡量。PCQR 的计算方法见式(9-5)～式(9-7)。

$$PCQR = RMQR \cdot QR \cdot (1 - STLR) \qquad (9-5)$$

$$RMQR = QRM / TRM \qquad (9-6)$$

$$STLR = STL / CM \qquad (9-7)$$

式中，PCQR 由原材料质量合格率(raw material quality ratio)、产品合格率、储运损耗率(storage and transportation loss ratio)等三个基础指标推导得到。QRM 表示合格的原材料(qualified raw material)，TRM 表示原材料总量(total raw material)，STL 表示储运损耗量(storage and transport loss)，CM 表示材料消耗量(consumption material)。

车间生产过程中的质量稳定性也可以从侧面反映质量状况，即使最终的产成品的质量达到了预期要求，然而生产过程中的质量水平不均衡也会带来一定的质量风险。因此，在数字化车间中，不仅要注重考虑产成品质量，还应将生产过程质量稳定性纳入管理体系中。据此，质量稳定率(quality stability，QS)指标表示车间在一时间段内不同工位生产出的产品质量合格率的标准差情况，计算方法见式(9-8)。

$$QS = 1 - \left[\frac{1}{n} \sum_{i=1}^{n} \left(QR_i - \frac{1}{n} \sum_{i=1}^{n} QR_i \right)^2 \right]^{1/2} \qquad (9-8)$$

式中，QR_i 表示一段时间内第 i 个工位生产加工的产品合格率，n 表示工位个数。

2）成本维度指标建模

成本是指生产系统在生产产品时需要付出的代价，也就是生产系统在将原材料等输入转化为产品输出的过程中的消耗，反映生产制造过程的经济性。根据生产资源的不同，可从人员、设备、能源等方面考虑生产成本。

员工利用率（worker effectiveness，WE）是指员工参与生产过程的充分程度。ISO 22400—2 针对单个员工利用率做出了计算说明，针对车间内整体员工利用率，在原有基础上做出式（9-9）所示的改进。

$$WE = \sum_{i=1}^{n} APWT_i / \sum_{i=1}^{n} APAT_i \qquad (9-9)$$

式中，$APWT_i$ 是与生产有关的第 i 个工人的实际工作时间，$APAT_i$ 是第 i 个工人的实际出勤时间。员工利用率的提高可以减少员工需求数量，从而可以降低用工成本有效控制生产成本。

设备的利用效率（utilization efficiency，UE）。利用效率表示设备运转发挥生产作用与闲置的相对情况。ISO 22400—2 针对单台设备的利用效率做出了计算说明，针对车间内整体利用效率，在原有基础上做出如式（9-10）所示的改进。

$$UE = \sum_{i=1}^{n} APT_i / \sum_{i=1}^{n} AUBT_i \qquad (9-10)$$

式中，APT_i 表示设备 i 的实际生产时间，$AUBT_i$ 表示设备 i 的实际繁忙时间。

单位产品能耗（energy consumption per unit product，ECU）由式（9-11）计算，指平均每单位产品在生产过程中消耗的能源费用，能源涵盖电、气、油、水。

$$ECU = ECC/PQ \qquad (9-11)$$

式中，ECC 是能源消耗成本（energy consumption cost），包含车间内生产能源的消耗所花费的成本。

3）时间维度指标建模

交货时间的长短目前是企业获取长效竞争优势的一把利剑，只有对市场需求做出迅速反应,才能抓住市场机会。在尽可能短的时间内生产出符合客户要求的产品已经成为生产系统的一项重要性能指标。在数字化车间生产系统中,时间因素通常表示产品的生产速度,也可称为生产率。

准时交货率(on-time delivery rate,ODR)表示车间根据既定生产计划按时完成生产任务的能力,能否准时交货直接影响到客户的满意度,是一项重要的时间评价指标,其计算方法见式(9-12)。

$$ODR = OD/TD \qquad (9-12)$$

式中,OD 表示准时交货次数(on-time deliveries),TD 表示交货总次数(total deliveries)。

阻塞率(blocking rate,BL)是下游生产中断引起的产品无法向下游流动,从而导致上游机器空闲的时间比例,其计算方法见式(9-13)。

$$BL = BLT/PBT \qquad (9-13)$$

饥饿率(starvation rate,ST)是上游生产中断引起的产品无法由上游流入,从而导致下游机器空闲的时间比例,其计算方法见式(9-14)。

$$ST = STT/PBT \qquad (9-14)$$

式中,STT 表示饥饿时间(starvation time)。

4) 效率维度指标建模

计划完成率(plan completion rate,PCR)考虑的是车间计划的完成情况,是一定时间内完成计划数量与总计划数量的比值,其计算方法见式(9-15)。

$$PCR = CPQ/TPQ \qquad (9-15)$$

计划调整率(plan adjustment rate,PAR)是指车间因各种原因造成的计划调整的程度,其计算方法见式(9-16)。

$$PAR = PAQ/TPQ \qquad (9-16)$$

式中,PAQ 表示计划调整数量(plan adjustment quantity),TPQ 表示计划总数量(total plan quantity)。

产能负荷率(capacity loading rate,CLR),产能是指在既定条件下,最大限度地生产的良品数量,计算方法为员工工作时间与节拍时间的比值。实际产能为实际产量(PQ),设计产能为员工计划工作时间(person plan work time, PPWT)与节拍(rhythm time, RT)的比值。因此,产能负荷率的计算方法见式(9-17)。

$$CLR = PQ/(PPWT/RT) \qquad (9-17)$$

库存周转率(inventory turnover, IT)被定义为吞吐量(throughput, TP)与平均库存(average inventory, AI)的比率,通常用来衡量库存的效率,表示存货的平均补货次数或周转次数,平均库存是在制品和产成品库存量,其计算方法见式(9-18)。

$$IT = TP/AI \qquad (9-18)$$

一般而言,每台设备都有其在不受任何干扰和质量损耗条件下的理论产能,但实际使用过程中会遇到各种阻碍正常生产的情况,可通过设备综合效率(overall equipment effectiveness, OEE)来衡量设备的生产效率。ISO 22400—2 中 OEE 的计算方法见式(9-19)~式(9-21)。

$$OEE = A \cdot E \cdot QR \qquad (9-19)$$

$$A = APT/PBT \qquad (9-20)$$

$$E = PRU \cdot PQ/APT \qquad (9-21)$$

OEE 是一个综合指标,由可用性(availability, A)、效度(effectiveness, E)、QR 合格率三个基础指标推导而得。APT 表示实际生产时间(actual production time);PBT 表示计划繁忙时间;PRU 表示计划单件运行时间(planned run-time per unit);PQ 表示生产量。联立式(9-2)、式(9-19)~式(9-21)可得 OEE 的约简式,见式(9-22),其中 GQ 表示合格品数量。

$$OEE = PRU \cdot GQ/PBT \qquad (9-22)$$

生产率(productivity, P)是衡量生产效率与反映生产进程性能的重要指标,表示单位时间产量。其计算方法见式(9-23)。

$$P = PQ/AOET \qquad (9-23)$$

式中：PQ 为产量，AOET 为实际订单执行时间（actual order execute time，AOET）。

5）柔性指标评价建模

人员柔性（worker flexibility，WF）是指为作业人员掌握多技能以适应不同岗位的能力，其计算方法见式（9-24）。

$$WF = 1 - WN \Big/ \sum_{i=1}^{n} SN_i \qquad (9-24)$$

式中，SN_i 为员工 i 掌握技能的数量，WN 为员工人数。人员掌握技能越多，指标值越大，人员的适应性越强。

设备柔性（equipment flexibility，EF）主要是指作业任务发生变化时，设备不需要特殊调整而能够完成多种加工任务的能力，设备柔性化计算方法见式（9-25）。

$$EF = A(1 - ASUT/APT) \qquad (9-25)$$

联立式（9-20）与式（9-25）得：

$$EF = (APT - ASUT)/PBT \qquad (9-26)$$

式中，PBT 是计划繁忙时间，ASUT 是设备平均每天的生产准备时间，APT 为平均每天生产时间。

9.3　流程再造具体过程

9.3.1　流程分析诊断

数字化生产车间设计的主要目标是以减少企业人力成本为基础，实现生产车间从产品设计、计划、生产、装配、检测、销售等环节的自动化、数字化、可视化控制，达到提高生产效率、减少生产成本、降低产品生产周期、优化企业整体资源的配置等，最终提升企业市场竞争力。为实现该目标，需要对数字化车间的生产流程进行诊断分析，找出对产品质量存在重大影响的关键流程,并加以优化。

数字化生产车间生产关键流程主要包括以下 7 步:① 制订生产计划(生成物料需求);② 库房备料和发料(生成带条码的物料包);③ 线边库收料和发料(物料和带条码的托盘绑定);④ 工位接收物料和在制品(扫托盘条码接收物料或在制品);⑤ 工位进行生产和在制品输出(在制品与带条码的托盘绑定);⑥ 产品终检(final quality assurance,FQA)(生成成品入库单);⑦ 成品入库(生成成品库存)。

随着工业化进程的不断深入,以信息化辅助生产的管理模式也逐步显露了一些问题,其中最明显的问题体现在与现场工业控制的结合和统一方面。长期以来,工业技术发展和信息化发展在企业内部呈现出两条独立的发展路径,两者只是单向地相互带动和促进,并没有发挥出工业化和信息化相互促进、彼此带动的良好效应。具体表现在:为了追求信息化而进行信息化,导致工业化和信息化脱节的情况出现。一方面,工业技术的发展未能更好地体现信息技术的指导和支持作用;另一方面,信息技术也未能更好地与工业化实际结合,未能更好地体现与工业化的互动作用。

目前,数字化车间生产关键流程中主要存在以下问题亟待解决:第一,设备物联不具备条件。现有部分数字化车间中的生产设备是早期的陈旧设备,对其进行更新改造需要耗费大量资金,若不进行改造则难以与其他设备进行互联互通。第二,数字化工厂平台亟待建设。目前大部分工业软件的使用者是技术管理者,尚不存在一个为广大生产工人的所使用的信息平台,因此难以完成诸如生产技术管理要求的信息接收、现场反馈等工作。而上述问题也在一定程度上制约了企业的进一步发展,如何更好地实现工业化和信息化的融合,更好地发挥两者的互动作用成为数字化车间发展的新课题。

9.3.2 流程再设计

数字化车间流程再设计主要涵盖识别再造时机、确定再造目标、成立再造组织和制订再造方案四个步骤。当数字化生产车间的原有流程无法适应新的生产需要时,则需及时对其进行优化调整。首先,针对数字化车间生产设备互联不畅、数据传输阻塞等问题,应当以针对性地解决问题为核心,进

而确定再造目标。结合数字化生产车间的生产要求,流程再造主要目标有:

(1) 实现生产线和生产设备的数字化改造。

(2) 建立高效的精益生产管理系统。

(3) 改造升级供应链管理系统。

(4) 实现车间数字化转型升级。

为实现再造目标,需要及时成立再造组织对流程再造的全过程进行统筹控制。根据全面管理理论和戴明质量管理理论,应当由总经理亲自参与并统一权责,全公司建立质量意识,同时建立跨部门督查小组,并让相关部门定期汇报流程改善进展。其中,生产部门负责工艺的开发、参数的优化和具体不良的分析解决,而跨部门监督小组则负责部门配合满意度调查,同时总经理汇通人力资源设立奖赏制度等。再造组织的成立为质量提升提供坚实的组织架构基础。

针对数字化生产车间生产重叠、物流复杂、数据量大等特征,以及生产运营管理中数据集成、精益生产管理、供应链管理方面存在的问题,流程再造方案必须以上述生产特点、问题、需求分析为目标导向,对症下药精准制订实施方案,系统方案要包含数字化车间生产全过程。数字化车间流程再造方案大体可归纳为:生产控制数字化建设和现场执行数字化建设。生产控制数字化建设是企业在生产车间中针对产品制造工艺流程进行的数字化设计和控制,是数字化建设的重要组成部分。它包括对生产原料调度、人员安排、制造工艺流程、组装工艺、安全保障和车间管理等模块的数字化设计和控制。在建设过程中,需要全面考虑产品品质、数量、成本、效率、市场和政策等因素,并通过分析产品成功率、人员设备利用率、生产计划完成度、工艺流程效率和原料损耗程度等指标优化生产车间的数字化系统。现场执行数字化建设是企业实施数字化建设的关键环节,用于实时监控生产车间的情况。它包括管理数字化设备状态、采集生产车间各个工艺流程的数据、监视生产车间的现场情况,以及对采集的数据进行管理和分析。现场执行数字化建设主要依靠网络传输技术,将数字化设备、可视化系统和数字化数据管理分析系统实时输出并进行分析,最终构建起生产车间的数字化现场执行系统。

综上,数字化车间流程再设计主要涵盖四个步骤:首先,从时间角度上确定及时性；其次，从目标角度上明确必要性；第三，从组织角度巩固合理性；最后，从方案角度上保证科学性。

9.3.3 再造实施

再造方案的有效实施是提高数字化车间的生产效率、提升生产质量、降低生产成本、追求数字化车间的更大绩效的有效保障。然而，数字化车间流程再造方案的实施往往伴随着相关管理变革，是一个复杂的系统工程，因此可以从以下几方面对生产流程进行再造实施：

（1）统筹规划，服务战略。公司以降低成本、提高质量、提升效率、打造企业竞争力为基本宗旨。数字化管理的建设也应遵循该理念，始终应服务于公司的整体战略的大局中。数字化管理建设是指运用新技术、自动化、数字化、网络化等多种技术手段。同时，也要考虑到生产计划、生产过程、物料分配、精益生产等诸多要素，这些都影响生产各层次，必须有系统概念和系统思维。企业要按照自身实际情况和企业发展策略进行智能化的开发。

（2）聚焦问题，分步推进。以减少成本、提高质量、快速响应市场为目标，针对制造中的困难，从实际问题着手，建立一个对症下药的数字化生产管理系统，最大化发挥生产效率、提升管理水平。聚焦问题就是抓住主要问题，如质量不稳定、效率低等问题，并对症下药的制定整改措施。分步实施及时将方案分为不同的实施阶段，不同阶段都会产生不同的问题，这些问题包括产品特性、生产特点、资金保障等多种因素。

（3）以人为本，加强管理。数字化管理建设中，坚持以人为本理念是基础，才能更好地发挥人的价值。另外，要充分认识到数字化管理系统建设的主体与应用目标的不同，主要管理系统的用户是那些文化程度低、较年长的生产工人。因此，建设过程需充分考虑适用性、实用性，如易操作性、安全、环保，坚持以精益生产为指导思想、用户为中心；在优化流程的基础上，采取自动化、数字化、网络化、智能化为手段，降低成本的目标，提高质量水平、工作效率；以优化管理为切入点，通过数字化生产建设，实现智能化、高效率生产模式，为企业智能化数字化转型升级之路奠定坚实基础。

第10章

数字化车间建设实践案例

数字化车间建设实践案例包括：高端装备制造行业实践案例、精密光电产品制造行业实践案例、航空食品加工行业实践案例、特种电缆制造行业实践案例、轻工制鞋行业实践案例、核废料处理行业实践案例。

10.1 高端装备制造行业实践案例

罐体是军用油料装备中的重要件，体现装备承制单位资格审查时关重件生产能力的欠缺矛盾已日渐凸显。某公司现制罐能力在产能满负荷下，仅为满足约 200 个铝罐（军民用飞机加油车罐体）年生产力的自给自足，不锈钢罐、碳钢罐全部外协。根据市场预测及"十三五"发展规划发展要求，公司将在未来五至六年达到年交付军民用油料装备 2 000 台（套）的规模，届时罐体生产能力将成为公司发展的重要瓶颈。

现阶段罐体制造除下料、拼板外均为手工制造过程，油罐生产周期与订单延迟情况频出，呈现质量不一致、不稳定的现状。为全面提升油料装备的质量，尤其是罐体制造质量，需进一步提高现有生产工艺技术水平。通过罐体自动化生产线技术改造的建设，探索数字化制造协同管理和生产过程智能控制，逐步实现传统制造模式向智能制造的转变，促进产业的转型升级。本案例基于罐体数字化生产工艺流程，集成信息化系统、焊接机器人、智能传感器等智能制造技术，构建一个高技术含量、高附加值、可持续发展的罐体智能制造数字化车间,提高产品质量和生产效率,降低生产成本,减少生产能耗。

10.1.1　现状评估

国外罐体制造已经逐步实现传统制造模式向智能制造的转变,通过建立产品的柔性生产线,完成罐体从拼板到整体焊接、附件安装以及试压的自动化全过程。

我国罐体制造行业普遍存在着以下两个亟待解决的突出问题:一是自动化程度低,产品质量和效率难以保证,罐体制造除下料、拼板外均为手工制造过程,油罐生产周期与订单延迟情况频出,呈现质量不一致、不稳定的现状。二是由于"离散型、多品种、小批量"的油料装备行业缺乏先进智能装备、先进制造技术的集成应用,造成设备利用率低、制造过程柔性差等问题。这些问题已经成为制约我国罐体生产行业发展的"瓶颈"。国内外罐体制造先进水平比较见表 10 - 1。

表 10 - 1　国内外罐体制造先进水平比较

比 较 项 目	厂　　家			比较结果
	北京三兴	东莞永强	美国 HEIL	
封头、防浪板制造	半自动	半自动	全自动	优于国内
板材打磨	手工	手工	全自动	优于国内
筒体拼板焊接	半自动	半自动	全自动	优于国内
筒体合拢焊接	全自动	半自动	全自动	国内外相当
筒体外环缝焊接	半自动	半自动	全自动	优于国内
围板、副梁(托架)焊接	半自动	半自动	全自动	优于国内
法兰、人孔圈、支撑焊接	半自动	半自动	半自动	国内外相当
信息化水平	低	低	高	优于国内

本案例是建成集研发、生产于一体的铝合金/不锈钢罐体自动化生产线,实现罐体加工的自动化、数字化和智能化。通过检索相关专利、文献,与本项目进行技术对比发现:相关专利检索结果中专利焊接设备及焊接生产

线与本案例所生产制造产品外形相近,生产总体过程(下料、焊接、物流运转等)类似,但本项目中生产线所采用的具体工艺顺序、详细工位布局、关键设备设计、先进焊接工艺、自动物流系统等内容,与申请号 CN201820536654. X 的焊接设备及焊接生产线、申请号 CN202010837450.1 的自动焊接设备及其控制方法、申请号 CN201410522997.7 的罐体生产线、申请号 CN201610731667.8 的一种用于罐车上的罐体生产线是截然不同的生产线。本案例中工艺水平、设备自动化水平、数字化水平更高,处于国内先进水平。

10.1.2　方案设计

按照生产流程,进行生产设备工艺布置。改造车间为现有的两个钢结构厂房,生产线主体布置在宽度为 72 m(三跨),总长 120 m 的厂房内;副线及库存区布置在宽度为 48 m(两跨),总长 112 m 的另一个厂房内。对现有罐体制造的工序、工艺及工艺平面布局进行改进,新的罐体自动化生产线工艺流程如图 10-1 所示。

1) 板材加工区

板材加工区主要由板材上料机、打磨机、升降台Ⅰ、拼板自动焊机、升降台Ⅱ、画线开孔机、翻板机、人工处理工位及辊道线等组成。该生产线完成筒体板料的全部加工与检测,生产效率高,质量一致性好。

小型吊车自动送料,将板材摆放框里的板材吊起并依次送往打磨机进行自动化打磨。打磨完成后,物料线将板料自动移至升降台Ⅰ。升降台Ⅰ依次将板材输送至上、下两台拼板焊机的进料线。拼板焊机根据辊道线的板料输送顺序自动完成四块板材的拼焊。拼板焊接完成后的板材输送至升降台Ⅱ,升降台Ⅱ负责将上下两块板料依次送往后续画线开孔机和翻板机,完成板材的自动划线与开孔,并进行自动翻转,便于后续人工处理工序。

2) 筒体成型区

筒体成型区主要由卷板机、纵缝焊机、防波板半自动装配设备、封头半自动装配设备、AGV、过跨轨道车、氩弧焊机等组成,可完成板料到筒体的加工成型。

板料经辊道线运输至数控四辊卷板机进行卷筒,卷制成型的筒体由卷

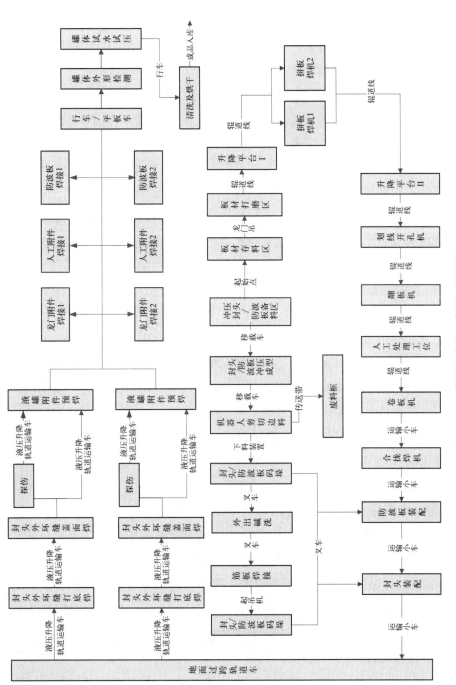

图 10 - 1　罐体自动化生产线工艺流程

板机出料机构移至 AGV。AGV 承接筒体并将其送入纵缝焊机，完成筒体最后一道焊缝的焊接。焊接完成的筒体再由 AGV 依次送往防波板装配工位进行防波板安装、封头装配工位进行封头安装，最后由 AGV 将筒体送至后续工位。

3）封头/防波板成型区

封头/防波板成型区主要由原料架、上料装置、机器人剪角装置、可旋转自动移载小车、自动锻压设备、机器人剪边装置、下料装置、码垛架等组成，可完成封头或防波板的一次冲压和剪切成型。该自动化生产线生产效率高，质量一致性好，适用于批量大、成型质量要求高的封头制作。

采用机器人实现板材的自动上料、下料、板材剪角、剪边、加强筋的焊接，选用自动化小车和码垛设备实现产品的无人运输与自动码垛，封头成型采用冲压设备保证产品尺寸。

4）液罐成型区

液罐成型生产线主要由液压轨道车、滚轮架、外环缝自动焊接系统、变位机、氩弧焊机等组成。AGV 依次将筒体送至人工外环缝打底焊、外环缝自动焊工位、人工附件预焊工位。如罐体需要进行射线检测，则外环缝自动焊接完成后，由行车将筒体放至轨道车上送出库房，再由叉车送往探伤房。

5）总成零部件焊接区

总成零部件焊接区主要由焊接机器人、焊接机床、变位机、AGV、氩弧焊机（含集中管理系统）、抽风机等组成，完成筒体所有附件和防波板的焊接。

附件预焊后 AGV 背负筒体运行至附件自动焊的焊接机床之间，机床两端的剪刀叉升降机构举升筒体到达机床两支撑座的中心轴位置。机床两端支撑座沿底座上的精密轨道相对移动夹紧筒体，同时 AGV 返回，确认无误后机器人与焊接机床进行联动焊接。附件自动焊完成后，AGV 再次运行至筒体底部，利用 AGV 升降机构举升筒体依次移至人工附件焊接与防波板焊接工位的变位机之间，人工完成变位机与筒体的装夹，AGV 下降移走。

6）试验及清洗烘干区

筒体焊接完成后，由 AGV 背负筒体移至试水试压工位，行车将 AGV 上的筒体吊往试水试压轨道车上，完成水压和气压的强度试验和密封性试验。储水罐通过构架放置在空中,通过自流方式把水进入待试压罐体,试压完成后,通过抽水泵抽回储水罐,实现水的反复循环使用。

7) 智能生产管控系统

根据项目实际需求,按照《中国制造 2025》智能制造体系架构,设计数字化车间整体系统架构,整体架构分四层。智能生产管控系统架构图如图 10-2 所示。

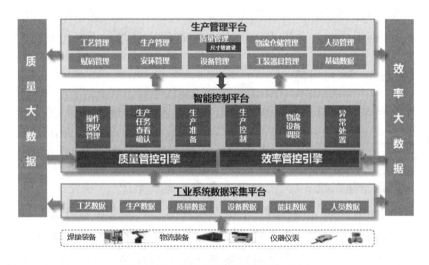

图 10-2　智能生产管控系统架构图

各组成部分具体介绍如下:

(1) 设备层。设备层主要指焊接机器人、检测装备、AGV、物流转运平台等智能加工和物流设备。

(2) 工业系统数据采集平台。该平台包括底层生产设备、物流设备实时采集及生产过程产生中的工艺数据、生产数据、质量数据、设备数据、能耗数据等实时数据和业务数据。

(3) 智能控制平台。该层同工业物联网紧紧相连,以质量管控引擎和效率引擎为控制核心,负责车间现场生产过程实时控制。

(4) 生产管理平台。即车间生产管理、技术人员进行的工艺、生产、质量、设备、物流、人员等一系列生产过程中的业务管理活动,负责与工厂级业务和管理系统的数据接口服务。

生产管理平台下发智能控制平台生产任务,智能控制平台根据生产指令进行生产,并通过工业系统数据采集平台实时采集的生产过程数据提供给生产管理层,智能控制平台实时接收工业系统数据采集平台的工艺数据、生产数据、质量数据、设备数据、能耗数据,质量管控引擎和效率管控引擎根据人机料法环等工序关键控制节点标准建立的质量和效率业务算法和监控模型对生产过程中质量和效率控制点进行实时监控、对比、分析,实现对生产过程中的质量和效率相关参数的实时监控,对工序和质量的完整性判断,生产节拍进行实时统筹,对各加工装备以及尺寸链建设等工序工艺进行持续改进,并根据生产工艺流程和对比、分析结果自动触发下一控制行为。

10.1.3　项目实施

本案例基于油料装备罐体数字化生产工艺流程,建成集研发、生产于一体的油料装备罐体制造数字化示范线。共建成 1 条罐体自动化生产线和 1 条封头自动生产线,共计厂房改造面积 9 000 m^2、新增设备共 62 台(套)、新建车间信息化系统 3 套、安全保障系统 1 套。形成 13 项新工艺和 11 项关键技术,联合研制 22 类设备,申报 6 篇发明专利和 5 篇软件著作,形成 4 项标准,建设了 3 个实验室。实现罐体加工的自动化和数字化,提升企业数字化生产管控水平,重塑工艺流程和提升加工能力,支撑航天晨光油料装备产业发展。

本案例于 2020 年 10 月动工建设,于 2021 年 6 月基本竣工,具备生产能力。在建设项目设立之初,就严格按照国家有关法律法规要求进行了安全预评价,确保安全设施与主体工程同步设计、同步施工、同步投入生产和使用。从生产设备运行情况来看,生产设备运行良好,未发生异常情况,运行稳定可靠,符合生产要求。项目进展情况见表 10-2。

表 10-2　项目进展情况

序　号	主　要　内　容	时　间
1	项目建议书通过公司评审	2017 年 9 月 4 日
2	项目可行性研究报告通过公司评审	2017 年 11 月 20 日
3	项目设备选型方案通过公司外部评审	2018 年 5 月 17 日

序　号	主 要 内 容	时　　间
4	党委会同意投资建设罐体自动生产线	2018 年 7 月 20 日
5	项目建设地点变更	2018 年 11 月 20 日
6	项目建设方案通过公司外部评审	2019 年 3 月 13 日
7	项目任务书重新确定	2019 年 5 月 10 日
8	项目方案技术论证通过公司评审	2019 年 5 月 24 日
9	完成项目主力设备采购招标	2019 年 12 月 20 日
10	完成项目厂房改造施工招标	2020 年 6 月 10 日
11	完成项目主厂房和副厂房改造	2020 年 10 月 15 日
12	完成主力设备安装和调试	2021 年 1 月 10 日
13	完成首台套不锈钢罐体产出	2021 年 2 月 10 日
14	完成生产线联调和试运行,完成工艺试验(含编程、工艺攻关)、人员配置及培训,完成第二批不锈钢罐体和铝合金罐体产出	2021 年 6 月 30 日

　　改造车间为现有的两个钢结构厂房。生产线主体布置在宽度为 72 m (三跨),总长 120 m 的厂房内。副线及库存区布置在宽度为 48 m(两跨),总长 112 m 的另一个厂房内。实施现场如图 10-3 所示。

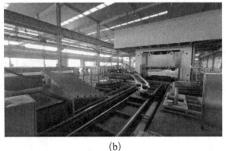

(a)　　　　　　　　　　　　　　　　(b)

图 10-3　罐体生产主副线实施现场

(a) 罐体生产主线实施现场;(b) 罐体生产副线实施现场

　　罐体自动化生产线主力设备覆盖焊接、切割、打磨、卷圆、冲压、装配等多工序,合计 22 类 62 台。从生产设备运行情况来看,生产设备运行良好,未发生异常情况,运行稳定可靠,符合生产要求。

生产线按工艺流程分为板材加工区、罐体成型区、液罐成型区、总成零部件焊接区、封头成型区等。

（1）板材加工区。板材加工区主要由板材自动上料系统、板材自动打磨系统、板材升降台 A、6.5 m 双层拼板焊系统、板材升降台 B、液压翻板机、智能人工检测平台等组成，实现筒体板料的自动上料、自动打磨、自动拼焊、自动画线开孔、自动翻板、自动对中等功能，生产效率高，质量一致性好。

（2）罐体成型区。筒体成型区主要由数控四辊卷板机、6.5 m 拼板合拢焊、罐体转运 AGV1、氩弧焊机等组成，可完成板料到筒体的加工成型，实现自动卷筒、自动焊接纵缝、自动转运、手动装配防波板、封头等功能。

（3）液罐成型区。液罐成型区主要由罐体转运 AGV2、滚轮架、环缝自动焊接系统、变位机、氩弧焊机等组成，实现自动转运、手工环缝打底焊、自动盖面机器人焊接、手工附件点焊等功能。

（4）总成零部件焊接区。总成零部件焊接区域主要附件焊接机器人系统、变位机、罐体转运 AGV3、氩弧焊机等组成，实现罐体附件机器人自动焊接、附件手工补焊、防波板手工焊接等功能。

（5）封头/防波板成型区。封头防波板成型区主要由机器人搬运系统、机器人切割系统、自动锻压设备、自动涂油系统等组成，实现封头/防波板自动上料、一次自动机器人切割、自动涂油、自动冲压、二次自动机器人切割、自动下料等功能。

该自动化生产线生产效率高，质量一致性好，适用于批量大、成型质量要求高的封头/防波板制作。

生产线综合看板如图 10 - 4 所示。通过建立 MES、生产线智能控制系统（intelligent manufacturings control system，IMCS）和生产线 IT 网络系统，构建车间资源、计划、执行、控制全面管理，以及控制精细化、可视化的车间现场管理和监控环境，实现包括工艺管理、生产管理、智能过程控制、质量管理、物流管理、设备管理、工业系统集成平台、人员管理、安环管理等内容管理。实现生产过程实时监控与优化、完善制造资源分配、提高资源利用率、优化配置，以及与其他系统之间的数据传递，达到生产前规划、生产中监控、生产后追踪的全方位支撑，提升制造企业数字化制造能力。

图 10－4　生产线综合看板

10.1.4　运行维护

生产线设备维护对于保障生产效率和设备长期运行都是非常重要的，应该定期保养、检查设备状态、更换易损件和环境的控制等，以确保设备的正常运行和延长设备的使用寿命。

（1）定期保养。设备在运作一段时间后，会造成设备零部件的磨损和老化，为了减少设备问题的发生，应该定期对设备进行检查和保养。通常情况下，应该按照设备生产厂家提供的保养标准进行定期保养。

（2）检查设备状态。设备的性能状态随着使用时间的增加而变化，应该每天对设备进行检查和维护，并对设备运行状态进行记录和评估。如果检查出设备存在问题，应该及时进行维修或更换。这些措施可以延长设备的使用寿命，减少故障率。

（3）更换易损件。生产线设备运行过程中，若一些易损件出现磨损或损坏，则需要及时更换。易损件包括轮胎、皮带、轴承、密封件等。更换易损件可以避免由于易损件磨损造成的设备故障。

（4）环境控制。环境对于生产线设备也是非常重要的。应当确保设备周围的工作环境符合设备运行的最佳环境，如设备的温度、湿度、噪声等。同时，应经常清扫周围的垃圾和杂草，并确保设备的通风和空气流通。

10.1.5　流程再造

案例基于油料装备罐体数字化生产工艺流程，集成信息化系统、焊接机器人、智能传感器等智能制造技术,构建一个高技术含量、高附加值、可持续发展的军用油料装备罐体智能制造数字化车间,并通过基于安全信息编码技术应用,形成一套包括数据加密、安全传输、粒子化存储等信息安全保障体系。项目主要成效见表 10-3 所示。

表 10-3 项目主要成效

项　目	现　状	行业先进水平	实施后水平(目前)
工艺改进	—	—	11 项新工艺
产能提升	300 台/年	—	待验证
智能装备应用率	20%～30%	40%～50%	70%～75%
设备互联互通率	10%～20%	50%～60%	100%
信息化管控率	20%～30%	50%～60%	90%以上
物流自动化率	10%～20%	30%～40%	80%～90%
产品质量	—	—	一次焊缝合格率提高 40%以上(Ⅱ级焊缝),不需补焊
人员数量	—	—	减少 150 人左右
辅材损耗(焊丝、气体、电能、焊接用喷嘴等易损件)	—	—	降低 20%以上
工人工作强度	—	—	降低 40%以上

(1)工艺流程改进。形成新工艺 11 项,通过尺寸链全生命周期建设(焊缝尺寸链、零件/部件/整体尺寸链),提高产品技术含量和质量。改变国内制造传统工艺,促进传统制造模式向智能制造模式转变。工艺流程改进情况见表 10-4。

表 10-4 工艺流程改进情况

序号	工　序	新工艺	旧工艺	新工艺先进性
1	封头防波板的制作	利用冲压模具自动生产线完成制作	涨鼓、有靠模多次旋边,尺寸一致性差,流转工序多	生产效率高,产品一致性好

序号	工　序	新工艺	旧工艺	新工艺先进性
2	封头防波板加强筋焊接	焊接机器人与两台快夹工作台完成焊接,采用脉冲 MIG 焊接方式	人工焊接	生产效率高,产品一致性好
3	筒体拼板板材备料	数控剪板,不开坡口;智慧物流取料、送料	数控剪板,开坡口;人工取料、送料	优化工序;送料实现自动化和智能化
4	板材打磨	采用专机自动打磨板材两侧长边。物料线完成板材自动进出	行车运送板材至人工打磨区手工打磨	生产效率高,产品一致性好
5	筒体拼板自动拼焊	不锈钢:直流等离子铝合金:变极性 TIG	全自动 MIG 焊	焊缝成型美观,合格率高
6	筒体划线及开孔	在拼板上一次性完成自动化划线和开孔	拼板划线,筒体卷制成型后在筒体上利用模板等离子开孔	尺寸精度高,板材无变形
7	拼板数控卷圆	数控四辊全自动成型精准	数控三辊半自动成型精度欠精准	自动化程度高,对人员要求低
8	筒体合拢焊缝焊接	不锈钢:直流等离子铝合金:变极性 TIG	全自动 MIG 焊	成型美观,合格率高
9	筒体校正	改进工艺后,取消该工位	平板校正	可取消校正工序
10	筒体外环焊缝的焊接	人工 MIG 焊打底,环焊缝自动化焊接盖面。后期尺寸链建设完善后,间隙和错边都满足,采用变极性等离子或直流等离子,可取消人工 TIG 打底	双人双面立焊	焊缝成形美观,一致性好
11	筒体外表面附件焊成	焊接机器人与焊接机床自动焊接(全自动脉冲 MIG 焊)	手工 MIG 焊	焊道美观,焊接变形小

（2）装备能力提升。联合研制主力设备 22 类,其中 5 类装备(结构、功能)属国内首创,填补国内空白,带动工业机器人、机械手、AGV、智能传感器等高端智能设备产业链,弥补国内外装备制造水平之间的差距。生产线装备提升情况见表 10-5。

表 10-5 生产线装备提升情况

序号	名称	创新点
1	6.5 m 双层拼板自动焊	1. 采用双层布局,独立控制; 2. 兼顾两种焊接工艺:变极性 TIG 和直流等离子; 3. 配置自感应物流,具备引弧板自动上料功能,具有反向助推功能,具备板材自动对中功能和对边功能
2	6.5 m 拼板合拢焊	1. 兼顾两种焊接工艺:变极性 TIG 和直流等离子; 2. 配置自感应物流,具备引弧板自动上料功能,具有反向助推功能,具备筒体自动进出输送功能(该功能需后期完善)
3	罐体附件机器人焊接系统	1. 焊缝跟踪方式:激光跟踪; 2. 兼顾四种焊接工艺:直流/脉冲 MIG、直流/脉冲 MAG; 3. 配置自感应物流
4	环缝自动焊接系统	1. 兼顾四种焊接工艺:直流、变极性 TIG/等离子焊接; 2. 配置自感应物流
5	封头冲压成型线	1. 实现罐体封头/防波板从原材料的自动定位、切割、涂油、锻压成型、转运到码垛的全自动化生产作业。 2. 采用封头/防波板的仿形板料进行冲压,成型精度更高
6	板材自动上料系统	1. 实现将原材料板材依次送往上料区的全自动化生产作业。 2. 具备停电后可自动/手动操作将输送过程中的板材平稳放下的功能
7	板材智能打磨系统	1. 实现板材两侧长边的全自动化打磨。每侧实现三面打磨。 2. 打磨头与板材的压紧力与位置关系可调,可防止打磨头磨损后因进给量不足影响打磨效果
8	智能人工检测平台	实现不同规格板料的纵向、横向以及居中送料
9	智能画线下料设备	具备板材自动进出料、自动寻边、自动切割、自动画线的功能
10	罐体转运 AGV1	1. 实现多种截面、有/无轴向开口缝的筒体运输; 2. 具有升降、筒体接/送料、筒体开口缝导向以及高精度停车定位功能
11	罐体转运 AGV2/AGV3	1. 实现多种截面筒体的运输; 2. 具有升降以及高精度停车定位功能

10.2　精密光电产品制造行业实践案例

某光电公司主要从事有源和无源传感类光学器件、多功能光电集成模块的研发和生产,建有多功能集成光波导调制器(multifunction integrated optic circuit,MIOC)、保偏光纤分束器(polarization maintained fiber splitter,PMFS)、超辐射发光二极管(SLD)、光接收组件(PIN‐FET)四条主生产线。为扩充产能,该公司投建四类器件产品 4 条自动化生产线,并通过此次投产项目,提高生产效率、缩短交货期,满足日益增长的市场需求,提升自身核心竞争力。建设项目内容包括厂房功能区划分及工艺布局、厂房改造、信息化系统建设,设备网络化改造,以及车间级 MES 管理子系统建设。本案例为生产线精益化分析、车间级 MES 子系统和 DNC 子系统建设任务,为该生产线建设设计一条高效的精益生产线。

10.2.1　现状评估

通过建设 MES 与现有 ERP 集成、数据互通、人机交互,以及信息分析优化,实现对某光电智能工厂封装间和测试间的统一管理与协调生产。同时,通过 SCADA 系统对车间的各类生产数据进行采集、分析,实现智能工厂精准、高效生产。

建立适应光电智能工厂的专业化生产车间 MES。通过完善的生产过程数据库,提供生产过程透明化管理的有效途径,满足企业对生产过程实时监控与全面追溯需求;实现生产车间制造柔性化、生产过程透明化,持续改善生产管理过程。通过 MES 全面提升企业的管理水平:

(1)透明化生产。通过实时数据采集,及时了解车间的生产情况及质量状况。

(2)敏捷性生产。掌控所有的生产资源,包括设备、人员、物料信息等,能快速应对生产现场紧急状况,对生产作业计划进行调整并合理调度保证生产顺利进行。

（3）及时预警。自定义各项生产指标，实时监控指标执行情况，实时主动知会生产中的异常状况，提前发现，及时处理。

前期从产品信息、合同/订单管理、业务部门运营情况、技术要求控制、生产工艺过程、生产及测试设备、自动化程度、生产计划排程（插单管理）、生产管理、质量管控、过程追溯、制品管控、生产进度管理等方面对该光电公司原址工厂进行了调研，为新建生产线建设方案提供设计依据。

该公司产品按器件类型分为 MIOC、PMFS、SLD、PIN-FET，四类产品零部件和组成结构各异，公司为四类产品分别建立了专用生产线，同时多条生产线之间存在共用资源和设备。产品从合同订单到零部件采购、半成品组成、成品装配测试和最终交付给用户的过程。

根据现状调研情况，该公司目前基本生产有序、质量受控。精益生产中将超出增加产品价值所需的最少物料、机器、人力资源、场地和时间等部分都存在资源浪费现象，如等待、搬运等。具体现状评估结果如下：

根据价值流现状分析主要存在如下问题：

（1）库存浪费：原材料、半成品和成品均存在库存，库存和出货量不匹配。以 MIOC 产品为例，根据 2024 年 4 月份统计数据，成品库存 2 992件，预计出货量 751 件，根据利特尔法则，前置时间＝存货数量/节拍时间。2 992 件库存，意味着 78 天的前置时间（节拍时间按 38 只/天），不仅占用了厂房空间，而且造成资金占用和管理费（保管、领用、盘点等）用产生浪费。

（2）等待浪费：生产过程中因工序间产能不平衡存在等待浪费，如平行缝焊工序人工上夹具后滚焊，4 h 才产出一批后才能进行氦气检漏，测试设备处于等待中；以 MIOC 产品价值流分析统计，1 批产品生产周期共 24 天，其中非增值时间（包含库存和等待时间）15.2 天，占总生产周期的 63%，精益化程度一般。

（3）产品缺陷浪费：根据工序合格率统计，尾纤定轴和耦合两个关键工序合格率低于 90%，检查返修均产生一定浪费。

（4）信息不透明问题：生产部生产计划下发各班组，再由班组布置工序工作计划，生产计划人工下发，信息化不够，信息不透明，反馈不及时。插单计划的存在，对现有计划造成一定影响。

当前工作间是根据 MIOC、PMFS、SLD 和 PINFET 四类器件产品类型及其主要工序进行布置,从物料流转情况分析,当前生产线布局因设备环境和资源要求而采用按设备集群布置和按产品线布置两种方式结合,主要有以下浪费情况有待改善:

(1) 搬运浪费。某些工艺设备单独布置,生产过程中人工搬运物料多个区域来回搬运且路线较长,造成人员来回走动浪费,影响生产周期。

(2) 人工动作浪费。尽管公司为了提高人员利用效率,在非关键工序设置一人多岗制度,但由于厂房设备集群布置,工序间不可避免需要走动,产生附加动作的浪费。

该公司采用 ERP,包括财务、采购、库存和销售四个模块功能。同时,公司配置流程管理系统,实现计划排产、工艺流程数据的文档、表单管理。但是,目前没有 BOM 配置功能,不能自动生成表单,所有信息都需要人工录入。目前设备的重要数据,尤其是关键工艺参数与测试数据,都采用 U 盘导出或人工录入,没有设备联网,不能实现数据信息自动传递。尽管采用 ERP 和生产排程软件,但上层计划管理层与底层控制之间没有建立信息互联互通,生产过程信息不透明,难以实现生产过程的集中管理和监控。目前主要存在以下问题:

(1) 生产派工问题。目前生产计划派工是由各班组长进行任务分解,然后通知各工序、当月或当前批次的完成计划数量,未能精确到每天、每人、每台设备需要完成的计划数量。遇到插单等临时变更计划的情况,无法及时做出响应。

(2) 过程监控问题。现有生产线不具备对生产进度的监控能力,产品采用人工计数,生产过程不透明,生产状态由现场工人层层反馈,存在消息传递不及时、时效性差的现象,管理人员不能对整个生产线的状态有一个整体的查看。

(3) 质量追溯问题。采用工艺流程卡每件跟踪,关键工艺参数、质量信息依靠人工填写纸质流程卡记录,及时性与准确度不高。纸质流程卡容易丢失、污损,且不易查找。

(4) 设备管理问题。设备的运行状态需要由工人主动查看,再反馈给设备管理和维护人员,存在故障问题描述不准确,无法立即获得简单的维护操作方法,耽误生产。

（5）人员管理问题。缺少对人员在岗状态、生产数量、绩效考核进行自动记录和关联管理。

（6）物料管理问题。公司采用 ERP 进行库存管理,原材料出库采用纸质工单领料,领料信息没有及时反馈,可追溯性不强,领料时需要人工确认,作业效率低,有出错的可能。纸质的料单容易丢失、污损,影响正常工作。

10.2.2　方案设计

新生产线建设包括 MIOC、PMFS、SLD 和 PINFET 四类产品组装生产线,设计产能 1 万只/年。以 MIOC 为例,当前产量大约 5 000 只,要达到设计目标 2 倍产能,设备资源等投入需要增加 1 倍。精益化生产线设计则是基于对现状的分析,同时根据公司对产能和生产管理提升的需求,对全流程进行分析,消除等待、搬运浪费,改善价值流,按照图 10 - 5 所示方法满足生产线设计产能需求:改善价值流中的等待浪费;增加工位。

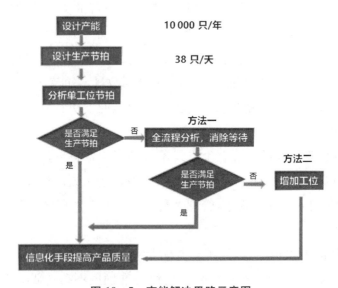

图 10 - 5　产能解决思路示意图

新生产线致力于提高生产智能化,降低生产成本,提高产品质量,提升市场占有率。市场占有率主要由企业产能、产品质量和交货周期决定,而企业产能、产品质量和交货周期可以通过精益化生产,提高信息化水平、精细化管理来改善,如图 10 - 6 所示。

图 10 - 6　精密光电产品制造行业实践案例总体方案思路示意图

以精益思想为指导,分析得出新生产线未来价值流程图。未来价值流以客户需求安排生产计划,建立超市拉动生产,整体上采用 FIFO + 拉动的生产方式。当客户需求为瓶颈时(设备效率和数量未定),以客户需求为定拍工序,计划下达发货工序,通过后道工序拉动前道工序进行生产,根据拉动位置对价值流进行分段,并以各分段为单元设计生产单元布局,优化生产排程,使得工件在工位间流转顺畅,不仅能减少在制品数量,还可以节省企业成本和空间。

结合运营业务流程、企业组织架构与管理现状,剖析企业信息化建设需求,规划建设 MES 和 DNC,实现企业生产进度可跟踪、过程数据可追溯、科学规范管理生产物料、现场设备与信息化终端集中管控,大幅提高生产效率,与现有用友 ERP 集成交互,实现数据实时共享,并通过电子看板呈现生产运营状态全貌,提升企业生产过程透明化水平。

生产业务流程如图 10 - 7 所示。按照生产业务流程建设车间级 MES,从 ERP 接收客户订单,经过归并/分解处理生成车间生产计划,传递给车间计划管理模块;计划管理模块根据车间当前任务、设备能力信息和物流信息等情况进行排产,形成工序级任务下发至工位进行加工制造。

车间按已排产的作业计划进行生产准备,配送生产所需原材料/半成品、工装夹具等到工位。工人可在工位机上通过 MES 查看产品电子技术资料(设计图纸、工艺文件、作业指导书等),进行生产作业。MES 以工艺流程为驱动,控制车间各设备/人员进行生产;通过工位机采集报完工数据和 DNC 上传的完工、计量、质检信息,判断生产过程执行完毕,并将完工信息

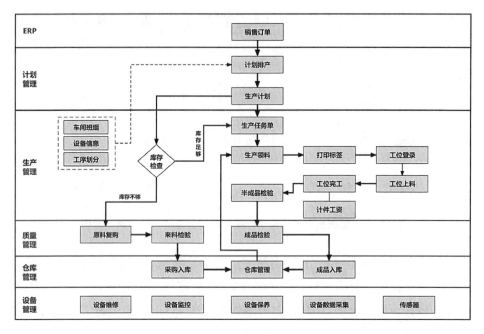

图 10-7　生产业务流程

传递给用友 ERP。

公司总体信息化应用系统架构按照企业业务层、车间执行层、操作控制层与车间设备层进行规划设计,如图 10-8 所示。

MES 位于车间执行层,完成生产计划分解与生产组织调度,实现对生产过程的全流程管理与产品质量追溯,对原材料、在制品,以及成品库存进行在线物料管理。

DNC 位于操作控制层,实现对智能装备与终端的实时管控,采集设备状态数据,支撑上层系统进行生产资源的调度与监控。

DNC 与 MES 集成,可实现生产过程、业务流程、设备状态,以及异常事件信息的实时交互。MES 获取设备运行状态、设备故障信息、设备运行参数等数据,并基于数据实现对设备运行状况的实时监控,实现企业从设计端到生产现场端的一体化集成效果。

10.2.3　项目实施

根据调研,当前工控机采集的设备数据及工艺数据,多采用 Excel/

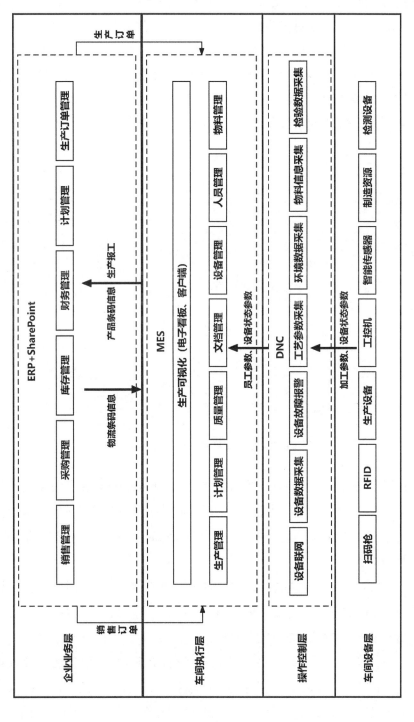

图 10 - 8　应用系统架构图

txt 或数据库的形式存储在设备上位机本地。对于以上需求,定制开发数据自动读取、录入接口,并对采集内容进行配置,实现数据的自动获取,减少人工操作,提高效率。通过工业以太网(有线网络)和数据采集平台实现设备互联互通和控制管理,实时采集人员数据、设备数据、材料数据、工序生产数据、环境数据、检验数据,并结合车间级 MES 实现对生产线、设备、工序进行实时监控。项目实施的系统集成架构如图 10 - 9 所示。

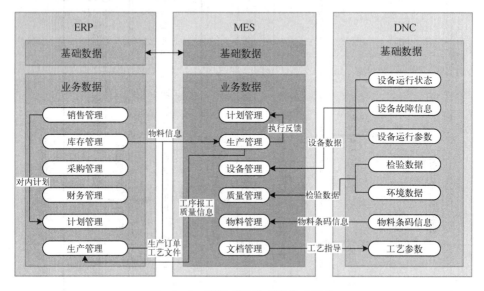

图 10 - 9 项目实施的系统集成架构

(1) MES 通过 Webservice 接口从 ERP＋SharePoint 系统获取生产订单及原材料信息,形成生产计划,对计划进行细化分解,生成周/日生产任务,生产完成后向 SharePoint 进行工单报工,同时将成品信息传递给 ERP 进行入库管理。

(2) MES 与 DNC 通过数据库接口集成,实现生产过程、业务流程、设备状态,以及异常事件信息的实时交互,提升生产计划的科学性与有效性,优化企业生产管理模式,提高生产效率。

(3) MES 从 DNC 获取设备运行状态、设备故障信息、设备运行参数等数据,并基于数据实现对生产资源的实时监控,支持定制化数据分析,以及预设报警机制功能,实现企业从设计端到生产现场端的一体化集成效果。

DNC(分布式数控)功能包括设备联网、人员数据、数控与非数控设备数据、材料数据、工序生产数据、检验数据和环境数据的采集,以及数控设备的 NC 程序管理等。同时,本方案 DNC 集成试验数据管理(test data management,TDM)系统功能,实现试验数据的采集。

通过 DNC 中设备联网和数据采集模块与车间级 MES 结合,从智能互联互通、智能生产过程控制、智能数据分析与决策支持等方面,实现信息管理,辅助提升车间总体生产效率和智能化水平。

(1)生产过程控制可视化。对各类产品的加工实现生产现场全过程透明监控、工序投入、产出、产量、工单状态、生产异常情况等业务的信息化、可视化管控,打开生产现场的黑箱,提高管理水平和管理效率。

(2)设备互联互通。通过现场设备的数据采集,实现自动化设备、测试设备等数字化设备联网,获取设备运行数据、测试数据,对设备进行可视化实时监控,并将所采集的数据实时传输给车间级 MES。

(3)质量保障。对每个工序的关键质量要素进行控制,保证生产效率与质量的可靠性,有效改变依靠人工监测和手工记录等传统的操作方式。

DNC 用于生产线的生产过程、设备、工序进行实时监控,完成关键制造工艺与测试数据采集,采用上位机检测存储数据。充分利用 DNC 的远程数据反馈能力与数据集中管理能力,可以降低使用成本,节省统计生产数据的时间,提高处理问题的效率。

通过 MES 的部署,达到以下效果:

(1)优化设备管理,设备运行状态实时监控,可对设备的易损耗件进行时间统计,并做到提前更换,降低产品不良率。

(2)利用设备故障清单和使用率等对设备进行整体评级,便于后续选购设备。设备资产录入系统,便于管理。

(3)通过人员管理,员工考勤系统与绩效工作统一管理,提高人员考核的精准度,便于员工评级。

(4)员工任务完成情况、日工作量将自动录入系统,并在约定的时间内定期生成工资表。

(5)通过计划管理功能,实现生产订单的分解与按需排产,生产计划排产到每日、每台、每人。明确每天的生产任务,做到提前备料、提前安排人员、提前调整好设备状态,并且根据目前订单的整体完成情况和生产资源情况动态调整计划,避免出现订单逾期,避免出现原料堆积,避免出现工作量安排不均。

(6)通过进度监控功能,实现对生产过程的全流程监控,统计各台设备的加工数量、废品数量、原料消耗情况,并由系统自动发出缺料报警、设备故障报警,支持员工在线提交请求,并提醒管理员及时处理。

(7)通过数据采集、处理和存储,实时查看各设备状态、人员状态、任务完成状态,对异常、故障情况及时统计、记录、上报。汇总各方面数据,为管理员提供整体数据查看界面,并提供历史数据记录、查询、存储。

(8)通过基础数据录入与维护,实现对生产资源(人员、设备、产品、工艺、物料)的系统化、数字化管理,便于查看、修改、更新基础数据,提高管理效率。

10.2.4 运行维护

本案例根据实际实施需求,增加尾纤组件编码启用说明,相关编码规则如下:

(1)建立尾纤组件编码规则 PIGTAIL_ENTITY_ID。

(2)配置 PIGTAIL_ENTITY_ID 的第一位:年份,如图 10-10 所示。

图 10-10 规则年份配置

(3)配置 PIGTAIL_ENTITY_ID 的第二、三位:光纤批次代码,如图 10-11 所示。

图 10‑11 规则光纤批次代码配置

（4）配置 PIGTAIL_ENTITY_ID 的第四位：型号种类代码，如图 10‑12 所示。

图 10‑12 规则型号种类代码配置

（5）配置 PIGTAIL_ENTITY_ID 的第五位：工位简码，如图 10‑13 所示。

图 10‑13 规则工位简码配置

（6）配置 PIGTAIL_ENTITY_ID 的第六～九位：流水号，如图 10‑14 所示。

图 10‑14　规则流水号配置

10.2.5　流程再造

本案例在后期运维过程中针对尾纤组件编码不明确的问题，增设光纤批次代码、型号种类代码、工位简码、编码规则、标签打印、标签补打印等流程，具体如下：

（1）尾纤组件编码数据源说明：光纤批次代码，如图 10‑15 所示。

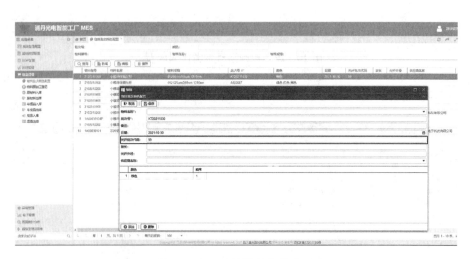

图 10‑15　光纤批次代码说明

【物流管理】—【物料批次颜色配置】中的"光纤批次代码"字段内容，是尾纤组件编码第二至三位的"光纤批次代码"的数据源。当配置光纤批次信息时,需要配置该字段内容。

（2）尾纤组件编码数据源说明:型号种类代码,如图 10 - 16 所示。

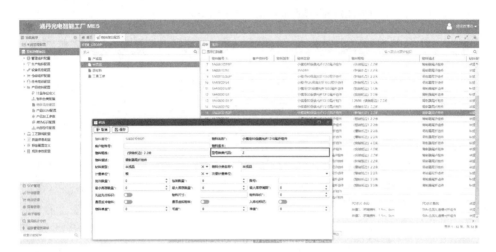

图 10 - 16　型号种类代码说明

【基础数据配置】—【产品物料配置】—【物料信息配置】中的"型号种类代码"字段内容,是尾纤组件编码第四位的"型号种类代码"的数据源。当配置光纤物料信息时,需要配置该字段内容。

（3）尾纤组件编码数据源说明:工位简码,如图 10 - 17 所示。

图 10 - 17　工位简码说明

【基础数据配置】—【生产组织配置】—【工位信息配置】中的"工位简码"字段内容,是尾纤组件编码第五位的"工位简码"的数据源。当配置固化353ND工位信息时,需要配置该字段内容。

（4）指定尾纤组件编码规则,如图10-18所示。

图10-18 尾纤组件编码规则指定

当WBO制单时,指定尾纤组件WBO的"编码规则名称"为维护好的尾纤组件编码规则PIGTAIL_ENTITY_ID。

（5）打印尾纤组件制品标签,如图10-19所示。

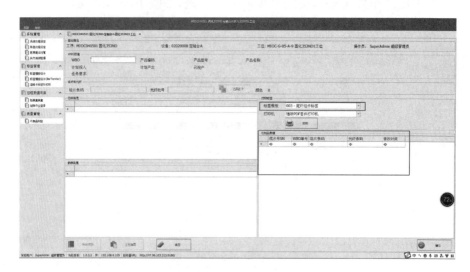

图10-19 尾纤组件制品标签打印

在固化 353ND 过账时,选择标签模板为"尾纤组件标签",点击【打印】按钮,按尾纤组件编码规则自动生成尾纤组件制品号,并打印标签。

遇到尾纤组件制品标签需要补打印的场景,打开【标签管理】—【流转卡标签补打印】功能,输入 WBO 单号或在制品号,加载符合条件的制品信息,选择要补印的制品,点击【打印】按钮实现尾纤组件制品标签的补打印,如图 10 - 20 所示。注意:补打印功能属于特殊功能,非必要情况慎用,以免造成一号多签。

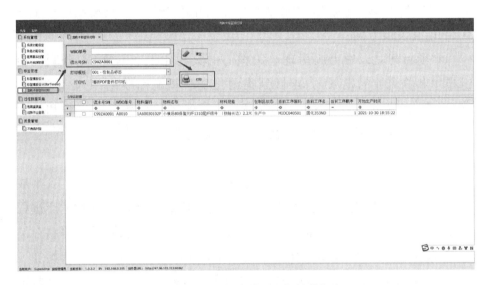

图 10 - 20　尾纤组件制品标签补打印

10.3　航空食品加工行业实践案例

本案例为某集约化配餐中心一期工艺(自动化)设备软硬件采购及安装调试项目,拟建集约生产厂房、办公研发楼、污水处理站及配套门卫安全配套措施等。本案例建立以中央厨房理念为核心的集约化生产基地,充分利用冷链技术和物流业发展,力求做到生产基地标准化、专业化、集约化、产业化,节约成本,提高生产效率。项目建成后将涵盖航空餐和地面餐两大业务内容,主要产品包括航空餐标准热食、菜肴料包、净菜和便当/轻食。

10.3.1　现状评估

针对航空食品加工工艺、航空食品卫生规范等进行深入研究和分析,对本案例开展技术方案设计。根据产品和工艺要求,依据航空食品质量、成本和食品安全的经营管理目标,开展基于精益化的智能工厂总体设计和仿真分析,建设信息化、自动化的中央厨房工厂,开拓并引领航空配餐领域工业化、智能化发展方向。

本项目建立以中央厨房理念为核心的集约化生产基地,充分利用冷链技术和物流业的发展,力求做到集约化生产基地标准化、专业化、集约化、产业化,节约成本、提高生产效率。项目建成后将涵盖航空餐和地面餐两大业务内容,主要产品包括航空餐标准热食、菜肴料包、净菜和便当/轻食。

本案例工艺(自动化)设备实现食品从原料验收、存储、生产加工、半成品和成品包装存储过程的信息化管理、原料和成品智能化存储和生产过程物流自动化过程。其涉及范围包括收货缓冲区、收货称重检测区、原料存储区域、成品存储区域及车间生产区域(含净菜加工区,轻食加工区,肉类加工区,热加工区,配料间,冷却间,熟食,便当净化包装间,X光检/外包装间、发货缓冲区)。

10.3.2　方案设计

本案例以精益生产为基本方法全面分析企业运营状况,以精益工具箱帮助企业改善流程和运营方法,以基于精益工具开发的信息系统帮助企业快速提升综合运营能力,以智能自动化设备提升生产效率和质量,以大数据和人工智能提升关键环节的改善极限,以智能化管控平台整合资源。

本案例以智能工厂建设为目标,以全面深度互联为基础,以端到端信息数据流为核心驱动,通过企业工业互联网驱动航空食品生产配送新模式,建立厂内业务协同机制,全面提高航空食品生产水平。

通过 MRP、MES、WMS、DNC 等与工业互联网技术的集成应用,推进餐食产品工艺数据、生产计划、采购计划、财务数据的关联共享机制；通过对生产计划、物流数据进行采集、跟踪和分析，实时掌握物料状态信息，实现产品制作过程中物流与生产计划需求的自动协同与匹配，达到物流与生产的均衡化、同步化，形成工艺设计、物流供应、生产制作与配送服务等环节业务的并行组织和协同优化。

系统实施范围如下：

1）MRP

MRP 将覆盖营销、设计、技术质量、生产、财务、物管等各职能部门，使用人员为各部门管理人员。

MRP 业务功能范围：基础数据管理、供应链计划管理、订单管理、采购管理、库存管理、成本管理、财务管理。

2）MES

MES 管控范围从原材料进入生产加工区开始，到成品离开生产加工区进入成品库房之间的整个生产过程。

MES 业务功能范围：菜谱及生产工艺管理、计划排产、生产执行、车间半成品库房管理、生产物流管理、质量管理、设备管理、用品用具管理、环参管理、生产可视化、移动 APP 等，实现对餐食全生命周期管理。

3）WMS

WMS 管控范围包括物料在原料库和成品库中的存储及流转。

WMS 业务功能范围：原材料收货、质检管理、原材料入库、库内管理（盘点、移位、库内查询、库内预警、库内报检）、成品入库、库内管理（盘点、移位、库内查询、库内预警、库内报检）、成品出库、成品发货、成品库管理、统计报表分析。

4）DNC

DNC 管控范围包括车间环境数据、设备工艺数据、产品检验数据、生产过程管理数据采集，并与 MES 进行信息对接。

10.3.3　项目实施

本案例实施效果图如图 10－21～图 10－26 所示。整个数字化车间见图 10－21，包括收货缓冲区、收货称重检测区、原料存储区域（见图 10－22）、成品存储区域及车间生产区域[含净菜加工区、轻食加工区、肉类加工区(见图 10 - 23)、热加工区(见图 10 - 24)、配料间、冷却间、熟食、便当净化包装间(见图 10 - 25)和 X 光检/外包装间(见图 10 - 26)、发货缓冲区]等。

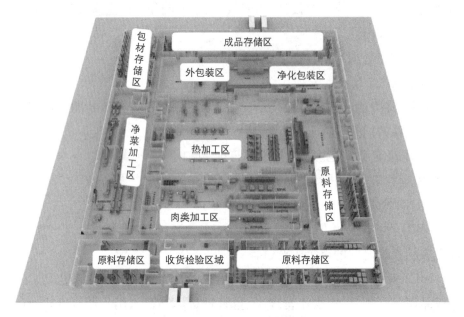

图 10 - 21　设备分布区域示意图

图 10 - 22　原料存储区

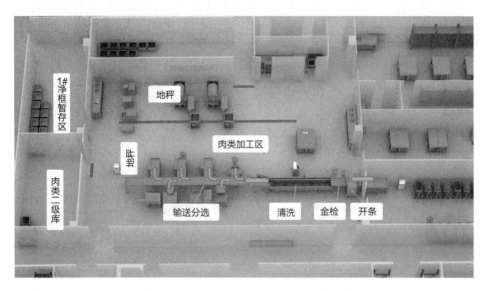

图 10-23　肉类加工区肉类前处理线

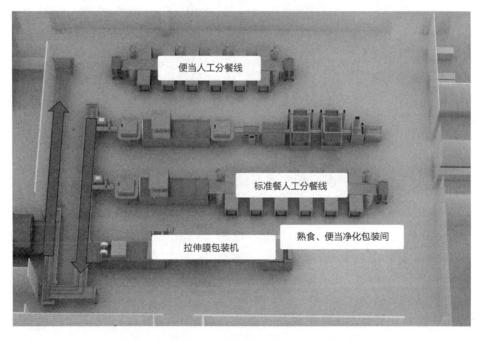

图 10-24　熟食、便当净化包装间装餐包装系统

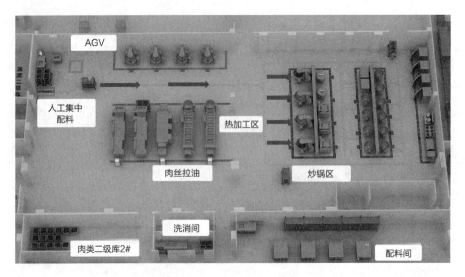

图 10‑25　热加工区无人搬运系统

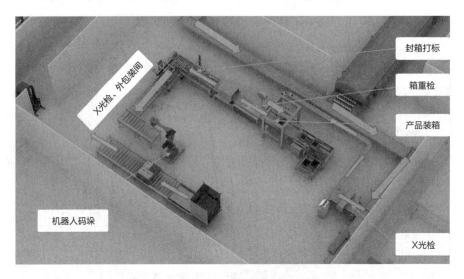

图 10‑26　X光检、外包装间外包装码垛系统

10.3.4　运行维护

本案例实现食品从原料验收、存储、生产加工、半成品和成品包装存储过程的信息化管理、原料和成品智能化存储和生产过程物流自动化过程。其范围包括收货缓冲区、收货称重检测区、原料存储区域、成品存储区域及车间生产区域(含净菜加工区、轻食加工区、肉类加工区、热加工区、配料间、

冷却间、熟食、便当净化包装间和 X 光检/外包装间、发货缓冲区)。数字化车间运行维护通过信息化系统实现,如图 10-27～图 10-30 所示,包括生产线管理首页(图 10-27)、订单管理页面(图 10-28)、待办通知页面(图 10-29)、产品出库管理页面(图 10-30)等。

图 10-27 生产线管理首页

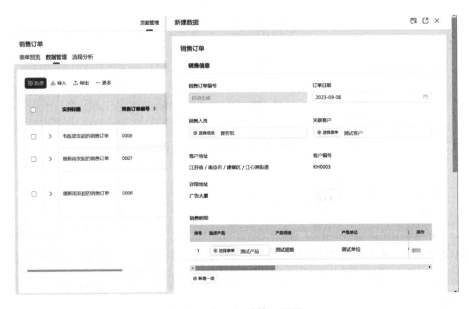

图 10-28 订单管理页面

图 10‑29　待办通知页面

图 10‑30　产品出库管理页面

10.3.5　流程再造

根据航空食品加工生产线实际运行情况,本项目对信息化系统功能模块再造。信息化系统总体架构如图 10‑31 所示。信息化系统主要分为四大部分,自下而上分别为车间设备层、操作控制层、车间执行层、企业运营层。

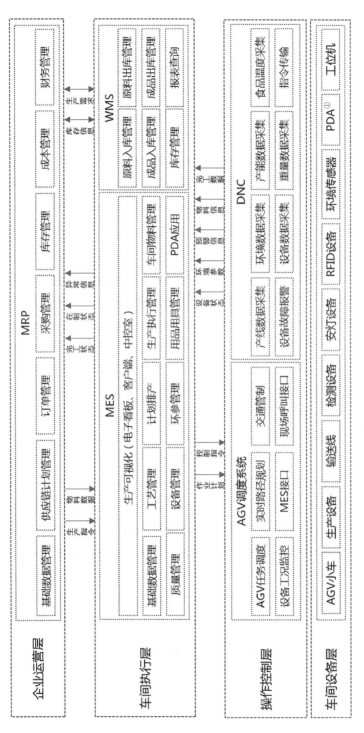

图 10-31 信息化系统总体架构

① 手持移动设备,personal digital assistant。

153

MRP 根据航空食品生产特点,从财务、销售、采购、库存、生产、零售、人力资源等方面协调管理常州工厂各管理部门围绕市场导向,更加灵活地开展业务活动,实时响应市场需求。MRP 把客户需求和企业内部的制造活动以及供应商的制造资源整合在一起,形成一个完整的供应链,对整个供应链资源进行管理。

MES、WMS 与 MRP 集成,接收生产指令、生产需求和物料信息,实现常州工厂工艺、制造、成本等业务协同和信息集成共享;同时通过操作控制层采集物料配备、设备运行和产品质量等实际生产工况,对生产进度、产品质量、成品入库、生产成本等运行状态进行动态监控。

数据交互 DNC 通过工业互联网技术将车间的智能设备(智能仓储与物流设备、智能生产设备、自动输送线、数字化检测设备、安灯设备、条码和 RFID 识别设备、智能传感器和 PDA 等)与执行层的 MES、WMS 集成应用,构建自动柔性单元或生产线,提高车间生产响应能力。

系统建设后,数字化车间业务流程图如图 10-32 所示。

10.4　特种电缆制造行业实践案例

特种电缆智能制造系统集成项目在电缆制造领域内尚属首例。在转型升级前,案例实施公司是一家传统的电缆制造企业。繁重的体力劳动导致企业用人成本逐年上涨,混乱的生产过程及陈旧的生产技术制约着该企业的进一步发展。为解决该问题,以自动化生产装备、智能检测/测试设备为基础,集成铜材自动上下料装备、电缆盘自动装取装备、智能仓储与物流输送模块,实现产品生产的全流程高度自动化运营;运用传感技术、数字孪生技术,实现产品生产全流程、多维度的数据采集,实现产品生产和公司运营的透明化和智能化;开发、集成应用宝胜(山东)工业互联网平台系统、数据分析系统,实现信息孤岛的打通、数据的深度挖掘与应用,助力企业管理运营效率提升、产品和设备的全生命周期管理、经济效益提升,实现产品生产和公司运营的透明化和智能化。

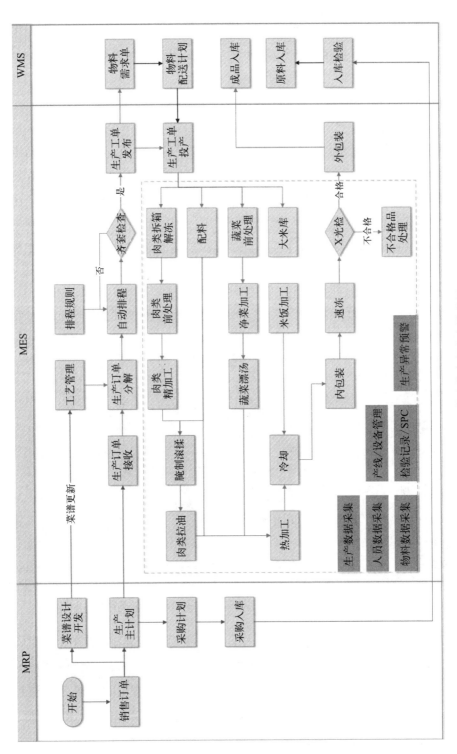

图 10-32　数字化车间业务流程图

案例实施后,车间内的成品不良率降低 53.1%,物流效率提高 30% 的同时节省人工 50%,节约存储占地面积 60%。生产的特种电缆在国防领域创造良好的效益。

10.4.1 现状评估

特种电缆智能制造车间智能化设备总体布局如图 10-33 所示,车间内智能化设备主要包含:① 15 台激光导引 AGV;② 4 台 630 料盘来料收货缓存输送线;③ 半成品线边库;④ 4 台成品线缆码垛直角坐标机械手;⑤ 由 3 台堆垛机组成的 6 排成品立体仓库;⑥ 由 4 台机械手及 4 套 3D 机器视觉相机组成的智能混码机器人工作站;⑦ 混码后发货缓存货架;⑧ 发货托盘自动装车装置。

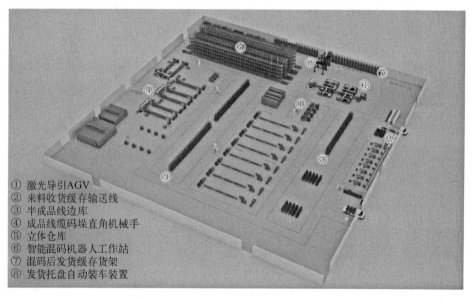

① 激光导引AGV
② 来料收货缓存输送线
③ 半成品线边库
④ 成品线缆码垛直角机械手
⑤ 立体仓库
⑥ 智能混码机器人工作站
⑦ 混码后发货缓存货架
⑧ 发货托盘自动装车装置

图 10-33　特种电缆智能制造车间智能化设备总体布局图

图 10-33 中,①②③组成车间内的生产线物流系统,主要负责车间内生产全过程所需主辅材料的转运、存储、供给;半成品的转运、暂存;周转器具、废弃物的转移、回收处理等全部物流工作;④⑤组成车间内成品仓储系统,采用立体仓库存储成品托盘。线缆成圈后,就地码垛完成后送入立库;⑥⑦⑧组成订单分拣码垛发货系统,自动仓储管理系统(automatic storage warehouse management system，ASWMS)接收 ERP 发货单后将任务下发给混码机器人工作站,码垛结束后通过自动装车装置完成托盘发货。

在案例前期调研的过程中,技术人员深入分析现阶段导致车间生产效率低下的主要原因和生产中容易产生质量问题的主要节点。根据紧要程度、客户需求、一线员工诉求及技术经济效益等制订智能化转型总体技术方案。调研结论表明该企业存在的主要问题有三个:

(1) 生产过程中废品率较高,质检记录多为手写,无法分析且无法形成有效质量管理。

(2) 车间内员工数量多,物料搬运劳动强度大,物流效率低下。

(3) 物料随意摆放,车间内存储空间分散且不易管理。

10.4.2　方案设计

本案例针对该企业所面临的以上三个主要问题,提出以下方案。

首先,为解决问题(1),做了如下三点改进:第一,将一批生产设备更换为智能生产设备;使设备具有感知、传递、分析数据及执行的能力。通过与 PLC 数据通信,实现生产过程的数字化管理。第二,引入 MES,对生产设备、质量、物料、计划等进行统一管理,提高生产效率、降低生产成本,同时为企业质量检验提供有效规范的管理支持。第三,引入虚拟仿真技术和大数据分析平台,分析生产过程中产生的各项数据,提前预测感知问题。

其次,为解决问题(2)和问题(3)(本案例的重点)。项目搭建一个平台和三个系统。第一,先引入一套 ASWMS 集成车间内的全部自动化设备控制系统,实现系统分系统的一体化;第二,生产线物流系统引入 AGV 实现车间内物料自动流转;第三,成品仓储系统使用立体仓库实现货物自动化存储;第四,订单分拣码垛发货系统引入机器人工作站及 3D 机器视觉实现成品电缆自动码垛、分拣及发货。

(1) ASWMS 平台。与传统的 WMS 不同的是,这套 ASWMS 平台实现了 MOM 与 WMS 的集成管控系统,同时集成车间内生产线物流调度系统、成品仓储控制系统、订单混码控制系统及码垛算法,使得 WMS 功能更加丰富,对外只提供一个统一的管理平台更便于企业管理、使用及维护。整个平台能够实现完全自主可控,系统全部独立研发,并能够在国产或开源软硬件环境开发和运行(计算机、操作系统、数据库、中间件等)。案例 ASWMS 系统主页如图 10-34 所示。

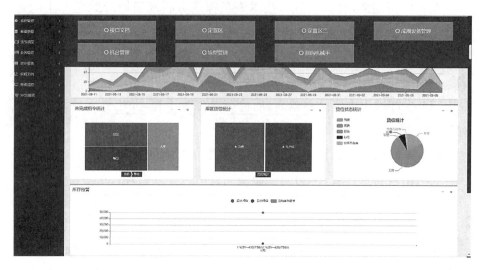

图 10-34 案例 ASWMS 系统主页示意图

(2) 生产线物流系统。AGV 是车间内物料自动流转的执行设备。通过分析确定满足物流需求 AGV 的最小种类,使得物流效率最大化。其中由于电缆料盘的运输有特殊要求,所以将 AGV 货叉更改为可水平调节的夹抱工装,这在国内电缆行业内尚属首例。整个物流系统基于车间内的订货型生产(make to order,MTO)生产模式进行开发,高效的车间内物流能够有效缩短 MTO 生产模式的产品交付时间。

基于遗传神经算法的自动移动机器人智能调度系统能够根据任务起点及终点自动规划一条最优路径及两条备选路径。当遇到障碍物或路径异常时,车体能够自动驶入优先级更高的一条备选路线,确保物流效率的准确及时。案例 AGV 调度系统主页示意图如图 10-35 所示。

(3) 成品仓储系统。为了确保生产结束后大量的成品能够及时发运,势必不能继续采取原来的平库集中堆放的形式。案例中采用的自动化立体库不仅节省存储空间,并且由于每个托盘、每个电缆卷都有唯一身份标识,更便于质量管理和信息追溯,如图 10-36 所示。

(4) 订单码垛发货系统。项目车间内生产的电缆数量有 800~1 000 种。

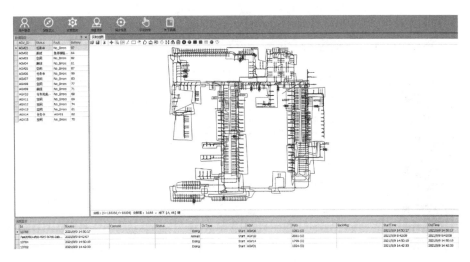

图 10‑35　案例 AGV 调度系统主页示意图

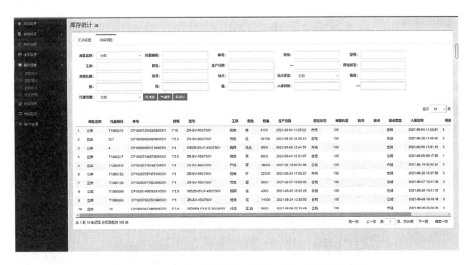

图 10‑36　案例成品仓储系统库存统计页面示意图

多品种小批量的销售发货模式给仓库的员工带来繁重的工作量。经常一个订单里会出现 10 余种不同规格型号的线缆。为了解决线缆混合码垛的难题，项目引入带 3D 机器视觉的机器人码垛工作站作为整个发货系统的核心。这套基于时间飞行法（time of flight，TOF）的 3D 相机不仅能够得出物体的水平面坐标，还能通过分析粒子往返飞行的时间差来计算物体的深度坐标。拍照一次能够得出最多 25 个线缆卷的坐标，将坐标下发给机器人后即可实现智能抓取及码垛。ASWMS 自带的码垛算法配合机器视觉使得订单分拣及混合码垛的工作能够自动执行,再配合自动缠膜、自动装车装置使得整个发货过程自动、高效、流畅,如图 10－37 所示。

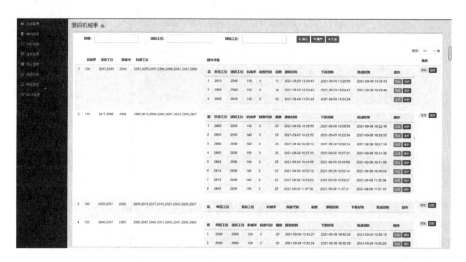

图 10－37 案例混码工作站机械手任务页面示意图

本案例工序流程如图 10－38 所示,包含绕包、束线、编织、挤塑、对绞、成圈、线边码垛、入库、订单码垛、发货等。其生产设备相应的物料规格与生产节拍见表 10－6。

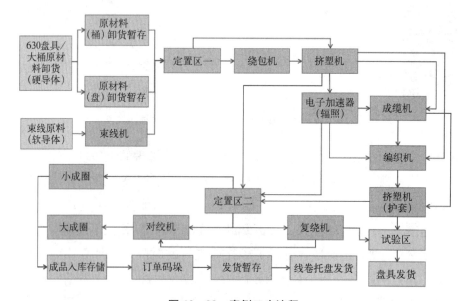

图 10－38 案例工序流程

表 10-6 生产设备相应的物料规格与生产节拍

序号	设备编号	单台速度/(m/min)	上盘型号	上盘节拍	下盘型号	下盘节拍
1	挤塑机 1	300（双线）/ 500（单线）	630 线盘	1 h/盘（18 km）	1 000 线盘	80 min/盘（22.3 km）（以 2.5 m² 计算）
			桶装铜丝	5 h/桶（90 km）		
2	挤塑机 2～6	300	630 线盘	1 h/盘（18 km）	1 000 线盘	47 min/盘（22.3 km）（以 2.5 m² 计算）
			桶装铜丝	5 h/桶（90 km）		
3	挤塑机 7	300	630 线盘	1 h/盘（18 km）	1 000 线盘	80 min/盘（22.3 km）（以 2.5 m² 计算）
			桶装铜丝	5 h/桶（90 km）		
4	小成圈 1～4	320	630 线盘	16 min/盘（5 km）	630 线盘	17 min/盘（5 km）（以 2.5 m² 计算）
5	大成圈 1～2	60	1 000 线盘	4 h/盘（14.1 km）	线卷/托盘	（以 2.5 m² 计算）
6	绕包机 1～8	30	630 线盘	10 h/盘（18 km）	线卷/托盘	（以 6 m² 计算）
					630 线盘	7.7 h/盘（13.8 km）（以 2.5 m² 计算）

续 表

序号	设备编号	单台速度/(m/min)	上盘型号	上盘节拍	下盘型号	下盘节拍
7	束线机 1～5	85			500、630 线盘	500 线盘 2 h/盘(10.53 km);630 线盘 4.4 h/盘(22.6 km)(以 1.5 m² 计算)
8	复绕机 1～2	60	500—1 000 线盘	40 min/盘	500—1 000 线盘	40 min/盘
9	成缆机 1～2	60	630—1 000 线盘	1 h/盘	800 线盘	40 min/盘
10	编织机 1～4	7	800 线盘	8.88 h/盘(3.73 km)	1 000 线盘	12.8 h/盘(5.37 km)(直径为 6 cm)
11	加速器 1～2	400	1 000 线盘	1 h/盘(22.3 km)	1 000 线盘	1 h/盘(22.3 km)(以 2.5 m² 计算)
12	挤塑机 8	500	630 线盘、桶	36 min·盘/(18 km)3 h 桶(90 km)	630 线盘	13 min/盘(6.5 km)(以 1.5 m² 计算)
13	对绞机 1～3	150	630 线盘	33.3 min(5 km)	1 000 线盘	2 h/盘(以 2.5 m² 计算)

注:若有两种放线形式,同一时段只能采用一种方式放线。

10.4.3 项目实施

根据方案设计及案例实践需求,本案例通过建立信息化系统、生产线物流系统、成品仓储系统、订单分拣码垛发货系统实现项目实施。

(1)项目需建立 WMS,对厂区仓储物流的业务逻辑进行统一管理;WMS 所管辖范围内所有设备、库位状态信息均需实时提供给 MES;WMS 可以与厂区已有的 MES 及 ERP 进行信息交互。

(2)项目需建立 AGV 调度系统,统筹管理厂区内所有 AGV 的调度及路径规划。调度系统只与 WMS 进行信息交互。

(3)项目需建立 WCS,负责协调调度底层的各种设备,使底层设备可以执行仓储系统的业务流程。

项目要求提供唯一的信息化平台与 MES 和 ERP 对接。建设的 WMS 需要将生产过程中的物流业务信息转化后下发给 AGV 调度系统,同时实时采集所供设备的部分信息上传给 MES。统一信息化平台与 WMS 可合并,所以信息化层次架构如图 10-39 所示。

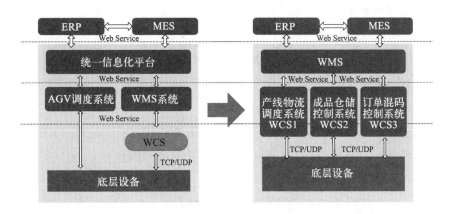

图 10-39 信息化层次架构

(1)应安全高效地调度、协调底层物流设备运行。

(2)应 7×24 h 全天候稳定运行,故障时间最小化。

(3)应建立在一个可以灵活伸缩的架构上,可分期分步实施。

(4)应具有完善的兼容不同技术,不同系统的能力,能够适应上下层系统的变化。

（5）应充分考虑与各种设备的通信协议，考虑一些通信标准协议，如TCP、UDP等。

（6）通信硬件连接：以太网、红外光通信、无线以太网、串口等。

生产线物流系统共配置9台AGV及调度系统、4条料盘输送线、552个货位的料盘货架。

仓储系统共计布置6台叉车式AGV、1套立库、4台直角坐标机械手、4台折叠盘机、3台缠膜机、1 200个托盘、10条输送线、1套重型托盘货架、1套WMS及信息化硬件设备等。

首先，成圈机下料自动码垛后入立库逻辑如下：成圈机下料，机械手自动码垛装盘，AGV先将码垛好的成品料框送入WMS指定立库入口，再补充空料框到码垛工位。

（1）AGV在待命点待命。

（2）成圈机下料，上位系统WMS向中控系统发送成品码垛托盘入库任务，中控系统调度AGV从待命点空车出发，先到达码垛工位，与机械手通信对接确认后，取走成品料框并送到WMS指定的立库入口，与立库输送线通信对接确认后，放下成品料框。

（3）随后，AGV空车到达立库出口处，与立库通信对接确认后，取走一个空料框并送到码垛工位，与机械手通信对接确认后，放下空料框。

（4）完成任务后AGV根据电量情况自行返回待命区充电待命，等待下一次任务调度。

其次，成品码垛的拆盘机空母托盘补充逻辑如下：成品码垛的拆盘机缺空母托盘，AGV从立库出口将一摞空母托盘送到拆盘机。

（1）AGV在待命点待命。

（2）拆盘机缺空母托盘，上位系统WMS向中控系统发送空母托盘补充任务，中控系统调度AGV从待命点空车出发，到达立库出口，与立库输送线通信对接确认后，将立库出口的一摞空母托盘取走并送到拆盘机位置。

（3）AGV到达拆盘机处，与拆盘机通信对接确认后，放下整摞空母托盘。

（4）完成任务后AGV根据电量情况自行返回待命区充电待命，等待下一次任务调度。

订单分拣码垛发货系统配置 4 台含视觉的直角坐标机械手,2 套人工助力工装,1 台自动装车装置。具体订单分拣码垛发货系统示意图如图 10 - 40 所示。

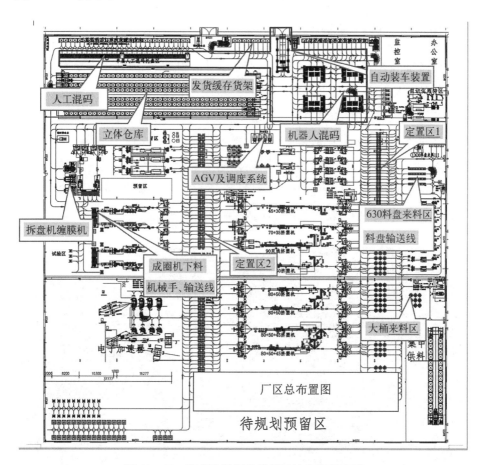

图 10 - 40　订单分拣码垛发货系统实施示意图

生产出来的电缆按照同一规格码垛在一个料框内,然后送入立库。发货的时候是根据客户订单需求,进行拆零混码重新组盘然后再发货。这个工序成为混码。厂区内共布置 4 个机器人混码工作站,完成订单托盘的混合码垛。

(1) 拆垛工位上料框的原点是唯一固定位置。

(2) 拆垛料框由 WMS 提供托盘内物料名称、规格、总数量、抓取数量。

（3）WMS 提供订单托盘当前货物的层数及理论高度。若线径、长度、内径、外径、厚度相同的线缆，可以码放在同一层；WMS 根据订单按照上述规则向机械手下发码垛任务。

（4）系统默认托盘同层同规格物料整层码垛，零头人工处理。

10.4.4　运行维护

为了加强客户对系统的操作熟练度，项目组编写 WMS 的操作手册和各设备的维修使用说明书，并组织客户现场操作人员及维修人员进行集中培训。码垛机械手现场改进效果如图 10-41 所示，项目组每隔 3 个月定期回访项目现场，记录常见故障问题并编写项目"常见故障手册"给客户进行集中培训。在项目验收后客户反馈较多的是三坐标桁架机械手夹具的方形法兰盘在取料时与料框有较大干涉风险，所以将 4 台桁架机械手的方形法兰盘全部替换成圆形，之后就没有再发生干涉问题。

图 10-41　码垛机械手现场改进效果图

10.4.5　流程再造

本案例在项目实施经过实际运行后，针对 630 料盘以及料筒来料的

AGV 自动卸车提出新的结构要求如下：

（1）每条线放 6 个 630 料盘，输送线首尾需要和夹抱式 AGV 接驳。

（2）输送线需要正反转，入口同样可以是出口。

（3）线缆放在上面需要有定位工装，不能发生晃动。

（4）料盘放入输送线后，中心轴离地高度 1 m 内。

（5）料盘放入输送线上料端后，中心轴离输送线最外围距离不得超过 400 mm。

（6）四条输送线间隔不小于 600 mm，不大于 800 mm。

（7）输送线宽度不大于 1 000 mm。

（8）输送线速度不低于 3 m/min。

针对以上需求，将 630 料盘以及料筒来料的 AGV 自动卸车的建设方案进行调整。630 料盘来料 AGV 自动卸车示意图如图 10 - 42 所示。

图 10 - 42　630 料盘来料 AGV 自动卸车示意图

专用平板车将料盘送入厂区，人工核对编码信息后，由 AGV 先将料盘卸货至输送线暂存，再将空料盘回收至平板车上。

（1）AGV 在待命点待命。

（2）专用平板车停靠至厂区指定位置，人工核对料盘编码信息后，向系统发送料盘卸货指令。

（3）上位系统 WMS 向 AGV 中央调度系统（以下简称"中控系统"）发送料盘卸车任务，中控系统调度 AGV 从待命点空车出发，先从平板车取走料盘到达输送线接驳口，放下满料盘。

（4）AGV 从另一条输送线接驳口将空料盘取走送到平板车上放下。

（5）AGV 以此运作方式循环工作，直至将平板车上的料盘全部卸货至输送线上为止。

（6）完成任务后，AGV 根据电量情况自行返回待命区充电待命，等待下一次任务调度。

料桶 AGV 自动卸车如图 10‐43 所示。

图 10‐43　料桶 AGV 自动卸车示意图

专用平板车将料桶送入厂区，人工核对编码信息后，由 AGV 先将料桶卸货至指定位置暂存，再将空料桶回收至平板车上。

（1）AGV 在待命点待命。

（2）专用平板车停靠至厂区指定位置，人工核对料桶编码信息后向系统发送卸货确认指令。

（3）上位系统 WMS 向中控系统发送料桶卸车任务，中控系统调度

AGV 从待命点空车出发,从平板车取走料桶到达料桶定置区,放下满料桶。

（4）根据系统调度安排,AGV 从定置区空料桶库位将空料桶取走送到平板车上放下。

（5）AGV 以此运作方式循环工作,直至将平板车上的满料桶全部卸货至料桶定置区为止。

（6）完成任务后 AGV 根据电量情况自行返回待命区充电待命,等待下一次任务调度。

10.5　轻工制鞋行业实践案例

近年来,我国制鞋业发展迅猛,已成为世界上最大的鞋类生产和出口国,但受人工成本上涨、贸易保护主义以及同质化竞争等因素影响,我国制鞋业也遭遇了前所未有的挑战。制鞋业是劳动密集型产业,面对劳动力成本的快速上升,越来越多的制鞋企业向越南、泰国和印度等东南亚国家转移,倒逼制鞋企业进行艰难的转型升级期,增加企业竞争力,在竞争激烈的市场中掌握核心竞争力。面对现实的困境和需求,降低企业人力成本和提高企业自动化、信息化和智能化的水平,最终提高企业的国际竞争力成为当务之急。

本案例将建设一条包括完整工艺流程的制鞋生产线。该生产线大量应用自动化设备减少生产线工人;通过工业机器人和视觉技术提高产品的加工精度和产品质量;对生产过程关键数据进行采集,并可进行信息化管控。该项目适用于离散型制造行业进行转型升级,可推广到服装等相关轻工业,通过智能化改造,可以提高客户品牌形象和品牌知名度。在用工短缺,同质化竞争激烈的情况下,可提高传统制鞋企业的自动化和信息化水平,为制鞋企业提高产品产能、质量和效率。

10.5.1　现状评估

目前制鞋生产线整体工艺布局混乱,成型和包装各部分信息靠手工填报,信息化未打通,存在信息孤岛,生产任务无法用 MES 进行下发,对生产管控无法做到在线检测。制鞋领域在系统集成方面发展趋势是将各分离的设备、功能和信息等集成到相互关联的、统一和协调的系统之中,使资源达到充分共享,实现集中、高效、便利的管理。

成型是制鞋核心工艺过程,从传统纯手动打造,到现在各种专机设备的应用大大提高生产效率。成型过程中的核心部分包括鞋面打磨和修粗、鞋面和大底的喷胶,目前大多数制鞋厂家都在人工进行这些操作,但是随着对质量要求的提高、对职业健康的重视,未来机器替人成为大势所趋。现在已经开始出现一些机器人喷胶工作站,打磨修粗机器人工作站应用到制鞋生产线上,制鞋生产线的工作站是未来一个发展的趋势。

面对个性化的市场需求,一些新的脚型采集分析设备将会运用到制鞋过程当中来,配合各个不同脚型,更加高效的 3D 打印设备也将会应用到制鞋行业中来。

制鞋成品的包装和分拣目前仍然停留在手工操作的层面,因为订单正朝着小批量、多种类方向发展,个性化的搭配仍然由人工来完成,容易出错。未来制鞋工厂将进一步提高制鞋信息化能力,对客户订单的管理更加精细,适应信息化时代的自动分拣和包装设备是将来的趋势。

生产线设计目标包含但不限于以下几点要求:

(1) 鞋产能达到 160 双/h。

(2) 生产线正常生产平稳运行,机器设备运转流畅。

(3) 中控各系统满足生产需求,并保证运行正常且稳定。

(4) 生产线换鞋型必须平稳过渡,系统设计时考虑不停产换型功能。

(5) 产品一次性合格率为 96%(不含来料合格率)。

该生产线涉及拉帮鞋和钳帮鞋两种类型的冷粘鞋,基本工艺流程如下:大底上线—视觉拍照—喷处理剂—过烘箱—视觉拍照—喷胶—过烘箱。

根据目标产能 160 双/h,计算出目标节拍为

$$\frac{1\,\text{h}\times 3\,600\,\text{s/h}}{160\times 2}=11.25\,\text{s/双}$$

因各个工艺设备生产能力不同,通过增加设备数量来平衡整条成型生产线的节拍时间,平衡后的设备数量和节拍时间见表 10-7。

表 10-7　工艺节拍分析表

序号	工 艺 名 称	单工位节拍/(s/只)	平衡工位数	平衡节拍/(s/只)
1	冷热后跟定型	5	1	5
2	拉帮	20	2	10
3	面底楦头配对	7	1	7
4	攀前帮	12	2	6
5	打中后帮	10	1	10
6	蒸湿入楦	15	2	7.5
7	质检	8	1	8
8	系鞋带	8	1	10
9	加硫定型	10	1	10
10	鞋楦上线	8	1	8
11	打磨	20	2	10
12	画线	10	1	10
13	打粗	10	1	10
14	鞋面喷处理剂	11	1	11
15	过烘箱	11	1	11
16	鞋面喷胶	11	1	11
17	鞋面过烘箱	11	1	11
18	贴底	36	4	9
19	压底	8	1	8
20	补胶	8	1	8
21	鞋面过烘箱	10	1	10
22	二次压底	8	1	8
23	冷冻定型	10	1	10
24	解鞋带和脱楦	8	1	8
25	人工视检、清理清洁	8	1	8
26	鞋垫过胶、塞鞋垫	10	1	10

序号	工 艺 名 称	单工位节拍/ (s/只)	平衡工位数	平衡节拍/ (s/只)
27	压鞋垫、防盗芯片检测	6	1	6
28	塞纸、整理鞋带	10	1	10
29	人工终检,除皱配对	10	1	10
30	大底上线	6	1	6
31	大底喷处理剂	11	1	11
32	大底过烘箱	11	1	11
33	大底喷胶	11	1	11
34	大底过烘箱	11	1	11

注：机器人喷胶节拍时间数据按照前期甲方提供的试验鞋型取得。

10.5.2　方案设计

生产线主要有成型段、包装段、DNC、ANDON（异常报警）系统、控制系统（含防错系统）、MES、安防系统和网络系统组成。

1）成型段

成型段主要分为成型前段、成型中段、成型后段三个阶段。成型前段兼顾冷粘类拉帮鞋和钳帮鞋两种鞋型的生产。前段工艺流程如下：

（1）拉帮鞋工艺流程：冷热后跟定型—拉帮—鞋面和楦头进行配对—蒸湿入楦—系鞋带。

（2）钳帮鞋工艺流程：冷热后跟定型—鞋面和楦头进行配对—鞋头软化—攀前帮—打中后帮—系鞋带和鞋楦上线。

制鞋成型前段的生产主要由人工操作相应的专机设备完成,各个工艺、各个工位之间物料流转通过皮带输送线来完成。

成型中段是整条制鞋小线的核心部分,中段大量使用工业机器人取代传统操作工,是整条线制鞋小线的关键部分。

成型中段包含加硫定型、鞋楦上线、打磨、画线、质检、大底上线、机器人喷处理剂、机器人喷胶、烘箱加热、填腹贴芯片、人工贴底、压底、补胶、冷冻定型和脱楦解鞋带。

成型后段的流水作业线在人工视检之后分成两部分,分别为成型后端生产线和返修区。

2) 包装段

包装段所有设备设计都基于以下鞋盒及箱体的规格进行设计,包装段工艺流程如图 10-44 所示。

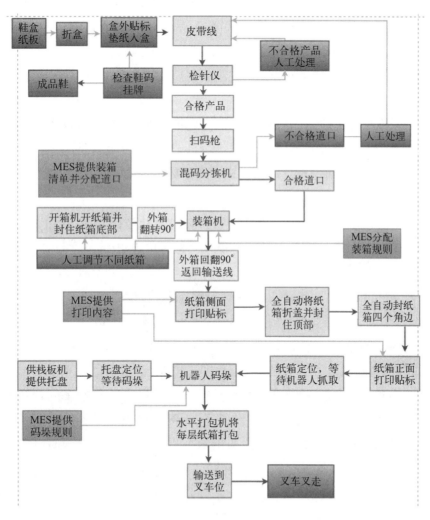

图 10-44　包装段工艺流程

(1) 开鞋盒。由于不同客户给出的包装形式不同(袋装、盒装),鞋盒形式不同(如飞机盒、天地盖盒、抽屉式鞋盒等),鞋盒成型过程不同(如卡扣、胶粘等),鞋盒尺寸不同(根据鞋码不同须配不同规格尺寸的鞋盒),考虑生产柔性需要,鞋盒制作采用人工完成,人工制盒节拍约为 22 s/个,为满足 11 s/双的生产线节拍要求,则需配置 2 人。

(2) 装盒。成品鞋装盒工艺流程为每个入盒工位配 2 名操作工,操作工 1 将成品鞋从输送带上取至工作台,并查看码数及配对情况,根据码数将对应的吊牌挂到鞋带孔内;操作工 2 根据码数选择对应的鞋盒,将带有鞋码等信息的标签贴至鞋盒固定位置后,放入带有吊牌的成品鞋进行包装、入盒,装盒完成后将鞋盒放回输送带,放回输送带时要求鞋盒短边与输送带平行,且标签朝输送带左侧(标签在装箱后需要朝上外漏)(为下步的分拣、装箱做准备)。

(3) 检针。装鞋完成后的鞋盒由传送带传送至检针仪,仪器自动扫描盒内是否存在残留断针或其他金属小物件,当检测发现断针时系统报警并停止输送,后将其回退至自动推离机构前推离输送线,由人工检查找出后重新过检针机。

(4) 装箱。根据装箱单(电子版),自动对盒鞋进行分拣、开箱、封底、装箱、打印装箱标签、贴标签、封箱(封顶及上下四角边)。

3) DNC

DNC 可以实现设备通信、设备运行状态监控、设备内部运行信息采集、与 MES 集成、与控制系统连接、机器人程序号管理、设备运行状态展示等功能。DNC 属于生产操作控制层,下至现场设备层,上接管理执行层。

DNC 把制造过程有关的设备、数据采集系统、设备监视系统和通信设施按一定的结构和层次结合成一个整体。设备层主要包括车间现场的不同生产设备、传感器和数据采集设备等,负责输出底层设备的信息。管理层负责从设备层获取数据并对采集的数据进行处理、汇总,同时以实时的方式将采集到的数据发送到设备数据监控中心,从而得到生产过程的实时信息,并把采集的数据进行统计分析。同时,DNC 实现与 MES 的对接。

根据试验线的总体架构与设备情况,采用以太网实时采集生产设备程序运行的开始/结束信息、设备运行状态信息(断电、开机、运行、空闲、报警等)、系统状态信息(编辑、手动、运行等)、设备所有报警信息(设备错误、系统错误、操作提示等)、设备的实时坐标信息等。

4) Andon 系统

Andon 系统实现自动、手动报警呼叫与处理,与 MES 集成,在 MES 中展示预警信息,并推送给相关人员。在需要人工重点监控设备的每个工位配置安装组合按钮,分别表示:物料缺件/停线请求、物料/装配质量报警、设备故障报警和生产线复位等信息,作为系统信息的触发源,并配置三色报警灯(含喇叭)。

采集模块通过工业以太网连接服务器,将相应的信息汇总到服务器中。实时数据通过 Andon 系统与 MES 连接,Andon 系统将 MES 所需的报警工位、报警时间、停线时间等数据写入 MES,Andon 系统的数据采集界面嵌入到 MES 界面中,不仅在车间和相关部门计算机上显示报警和异常信息,通知相关部门人员处理生产现场问题,而且将 Andon 信息进行记录与追溯,实现与 MES 的融合。

Andon 系统服务器与 DNC 服务器采用同一个服务器,通过以太网与 MES 服务器连接,构成一个闭环的控制与管理信息系统。

5) 控制系统

根据制鞋试验线的工艺流程,控制系统采用总线控制方式,集中监控。主控 PLC 通过总线实现和工业机器人、输送轨道等联动运行,通过输入/输出(input/output, I/O)信号控制指示灯、按钮等。系统通过网络与监控管理中心连接,采用拓扑结构的工业以太网,实现和 DNC、MES 的数据交换。

主控 PLC 安装在主控制柜中,操作人员可以在触摸屏上设置参数、选择相应的加工程序;控制柜上装有三色带蜂鸣器报警指示灯,实时反馈现场工作状态;控制柜上装有按钮,控制试验线的启/停。

工业以太网将 DNC 与主控 PLC 相连,DNC 接收 MES 确定的生产命令、生产种类以及生产数量等,并控制 PLC 动作。DNC 实时采集主控 PLC 的参数,并发送到 MES。

根据制鞋试验线的工艺流程,采用整体与分布式控制方式。控制系统使用 4 个控制 PLC,1 个主控 PLC,3 个现场 I/O 从站。

主控 PLC 通过 Profinet 协议控制 I/O 从站,同时汇总 I/O 从站的数据,并通过以太网上传到 DNC。主控 PLC 选择西门子 S7 – 1500 系列的 PLC。各个机器人接收主控 PLC 的控制指令,同时调用相应的工艺流程程序工作。

6) MES

通过 MES 项目的建设,在甲方制鞋试验线建立具有实时型企业特质的生产管理、数据管理能力,改善企业的生产绩效、质量和服务水平。在现场,结合条码识别技术及软件系统进行数据采集,实现透明制造、溯源制造、敏捷制造的目标。

试验线 MES 功能范围包含:智能数据库、计划管理、生产管理、质量管理、设备管理、模具(鞋楦)管理、E – SOP 管理、移动应用、智能决策、电子看板、Andon、预警管理、系统集成。

7) 安防系统

安防系统(包括整个安防网络的安装与施工)由乙方承担,主要建设内容分为厂房外围周界视频监控、厂房出入口视频监控、厂房内部视频监控、人员出入口指纹闸机通道、货物出入口车辆识别道闸、配套设备。

8) 网络系统

采用光纤、双绞线、汇聚交换机、接入交换机、无线接入点(access point,AP)等完成厂房配套网络建设,以满足生产线设备、控制系统、安防系统等网络需求,同时使用虚拟化技术实现汇聚交换机双机热备功能。

(1) 网络布线实现方式如下:

① 中控室到每个交换机柜至少需要 4 芯光纤,总机柜靠墙落地安装,光纤延金属线槽布放到厂房每个落地分机柜。

② 交换机柜到生产线需要布屏蔽双绞线,从吊顶金属线槽布线,并注意与强电线管保持 50 cm 以上距离;强电与弱电通过强弱电分割线槽从吊顶到生产线,并通过金属线槽至每一台设备。

(2) 网络安全性如下:

① 电磁屏蔽。桥架及线槽采用金属材质,线缆采用屏蔽线缆,极大程度降低电磁干扰,保证物理上传输的安全稳定可靠性。

② 防火防静电。中控室需接入接地铜牌并铺设防静电地板,所有设备与接地铜牌相连(包括静电地板)。

③ 硬件安全。选用专用级管理汇聚交换机,可实现 VLAN 划分业务隔离、IP 与 MAC 码绑定禁止非法网络设备接入、管理员多级密码口令保护等功能;AP 采用 WPA－PSK/WPA2－PSK 加密方式接入。

④ 冗余备份。采用虚拟化技术实现 2 台汇聚交换机双机热备功能,当 1 台交换机故障时,仍能够保证网络正常工作;每台接入交换机通过 2 芯光纤连接至汇聚交换机,实现光纤链路冗余备份功能,提高速率及稳定性;接入交换机充分考虑冗余,便于后期网络扩展。

10.5.3　项目实施

本案例先后经过现场工艺调研、国内外行业调研、技术交流、编制技术方案、通过双方方案评审、关键工艺试验、通过两个月详细设计及制造,开始生产线工艺试验,分别完成 KBY 反毛皮鞋、zara 鞋和 KBY 飞织鞋三种鞋型的多种面料和大底材料,以及多种处理剂、胶在高低温、各种湿度环境下的工艺试验,共完成 3 种鞋型各类码型 1.5 万多双鞋的生产,完成各工序的功能技术要求及自动化制鞋的质量要求,实现智能制鞋的自动化、信息化生产线要求。生产线效果图及现场实施图如图 10－45 和图 10－46 所示。

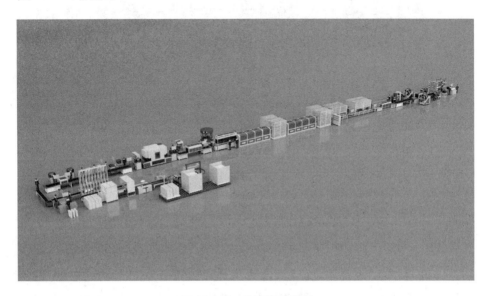

图 10－45　生产线效果图

机器人打磨工位

机器人鞋面喷胶工位

机器人大底喷胶工位

成型段生产线

鞋盒混码分拣机

自动包装码垛工位

图 10－46　生产线现场实施图

10.5.4　运行维护

成型前段、中段和后段全部制鞋单机设备均已完成部署及联调,生产线倍速链传送线运行、自动化工装、自动化升降机构、RFID 自动读取、工位传感器信号检测识别、设备数据采集、网络通信、控制系统逻辑控制,符合工艺要求,产能测试达到 1 600 双/天,具备生产条件。

成型线所有烘箱已经安装调试完毕,并按照客户提出的要求进行变更,如贴底段增加活化灯管和照明系统。使用生产线烘箱做出的成品鞋经过拉力试验,完全符合要求,烘箱已经满足制鞋工艺要求。

(1)离线鞋面机器人工作站分系统。鞋底机器人打磨、鞋面机器人刷处理剂、喷胶等工位经过日夜工艺攻关都已达到工艺要求,目前根据鞋面鞋大底贴合的情况做精确位置调整,鞋面机器人打粗工艺需要继续优化。

(2)鞋大底机器人在线工作站分系统。鞋大底的视觉图像处理、机器人喷处理剂、喷胶工艺满足工艺要求。

(3)混码分拣存储分系统。混码分拣存储系统主体机械机构和线路已经安装完成,并且已经和控制系统进行联调。

(4)自动包装分系统。全部设备已经安装调试完成,各个单机系统设备已经可以进行联动进行自动开箱、自动装箱、自动封箱、自动贴标和机器人码垛。包装设备与 MES 数据通信已调试完成,包装分系统正在和总控制系统进行联调工作。

10.5.5　流程再造

通过数字化生产线实际运行效果,本项目通过对功能模块再造,制鞋数字化生产线信息化达到以下目标:

(1)基础建模方面。实现系统用户、功能权限、系统参数的系统化管理配置及包括生产组织、物料、工艺、产品 BOM、质量数据等基础数据的建模和系统管理。

(2)生产计划管理方面。通过 Excel 导入或手工录入工厂主生产计划,作为 MES 计划管理的源头,按照产品的工艺路线、BOM 信息、生产线生产现状进行计划分解,将生产计划分解到试验线,以提高生产计划和生产执行的效率和准确性。

(3)生产执行管理方面。在及时准确地收集成型段和包装线生产进度信息的基础上,以车间电子看板及时展现生产进度,以便于车间领导和相关科室进行生产过程实时监控,提高车间管理的透明度。结合车间报工数据对计划进行实绩反馈调整,提高计划的可执行性。

（4）质量管理方面。通过工序在制品检验、产品首检、过程巡检、在制品返修业务的系统管理，实现对产品的生产全过程质量进行严格把关，及时收集生产过程中的质量数据，对返修、检验等流程和相关表单电子化，对质量问题进行及时的跟踪和记录，形成详细的数据结构，以辅助进行质量分析、质量问题追溯和快速的应对质量问题。

（5）设备管理方面。建立统一的设备管理机制，对设备的基础档案、备件更换、点检、维修、保养、状态监控进行信息化管理。设备集成方面，通过与 DNC 的集成，获取设备状态信息，实现关键设备在线监控。

（6）模具管理方面。通过 RFID 数据采集技术和 MES 平台相结合，实现鞋楦使用过程及时跟踪和信息化管控。

（7）工艺管理方面。通过在 MES 的工艺路线上，挂接产品对应的工艺文件、作业指导书，以指导车间操作人员生产；具备电子文档查阅功能。

（8）移动端应用方面。通过掌上电脑（personal digital assistant，PDA）实现试验线线边库的物料接收管理及质量巡检业务管理。

（9）智能决策方面。通过车间电子看板、中控室看板、数据查询报表、数据统计分析报表实现生产状态实时监控，智能化管理的目标。

（10）车间异常管理方面。通过 Andon 报警技术与 MES 相结合，实现车间缺料、设备故障、质量事故等异常情况的及时报警和处理过程跟踪管理。

（11）自动化集成方面。实现与堆垛机、分拣分箱控制系统的数据集成，实现 MES 与自动化设备无缝连接、自动控制的项目目标。

10.6 核废料处理行业实践案例

我国核电技术，经过引进、消化、吸收和再创新，关键技术攻关取得重大进展，核心竞争力显著提升，因此我国也成为世界上少数拥有比较完整核工业体系的国家之一。

经过 30 多年不间断的科研攻关、建设发展，特别是依托大型先进压水堆及高温气冷堆核电站重大专项的实施,我国核电技术实现了跨越,核电自主创新能力得到了显著提升。一大批关键设备和关键材料实现国产化,为后续进一步提升我国核电自主创新能力和国际竞争力提供了强有力的技术支撑;建设了一批技术先进的大型台架和试验设施,培养储备了一批专业技术人才,为行业的可持续发展奠定了坚实基础。

2021 年是"十四五"规划和第二个一百年奋斗目标的开局之年。在"'十四五'规划和 2035 年远景目标"中,政府提出到 2025 年,我国核电运行装机量达到 7 000 万 kW;建成华龙一号、国和一号、高温气冷堆示范工程,积极有序推进沿海三代核电建设;推动模块式小型堆、60 万 kW 级商用高温气冷堆、海上浮动式核动力平台等先进堆型示范。政府对核电的积极有序的发展政策,已经成了核电行业持续发展的重要推力。

10.6.1　现状评估

从核电装机容量来看,近年来保持向好的趋势。数据显示,2020 年我国核电装机容量达 4 989 万 kW,2021 年我国核电发电装机容量 5 326 万 kW,较 2020 年增长 337 万 kW。截至 2021 年 12 月 31 日,我国运行核电机组共 53 台(不含台湾地区),装机容量为 54 646.95 MWe(额定装机容量),较 2020 年增加了 3 619.79 MWe,同比增长 7.09%。分机组来看,在 2021 年我国 53 台运行核电机组中,台山核电厂的 1 号机组、台山核电厂的 2 号机组和海阳核电厂的 1 号机组装机容量排名前三,装机容量分别完成 1 750 MWe,1 750 MWe 和 1 253 MWe。在 2021 年我国运行核电机组中,共有 4 台核电机组首次装料,详见表 10 - 8。

表 10 - 8　2021 年 1—12 月首次装料的核电机组信息

省份	核电厂名称	机组号	装机容量/MWe	开工日期	首次装料开始日期	首次并网日期
江苏省	田湾核电站	6 号机组	1 118.00	2016 - 9 - 7	2021 - 4 - 14	2021 - 5 - 11
辽宁省	红沿河核电厂	5 号机组	1 118.79	2015 - 3 - 29	2021 - 5 - 15	2021 - 6 - 25
山东省	石岛湾核电厂	1 号机组	211.00	2012 - 12 - 9	2021 - 8 - 21	2021 - 12 - 14
福建省	福清核电厂	6 号机组	1 161.00	2015 - 12 - 22	2021 - 11 - 6	2022 - 1 - 1

近年来我国核电机组发电量逐年攀升,2021 年我国核电机组发电量完成 4 071.41 亿 kW·h,较 2020 年增加了 408.98 亿 kW·h,同比增长 11.17%。我国核电机组发电量占全国总发电量的比例也逐年攀升,2021 年我国核电机组发电量占全国总发电量的 5.02%,较 2014 年的 2.33% 增长了 2.69%。在我国核电机组发电量增加的同时,上网电量也在增加,2021 年我国核电机组累计上网电量达 3 820.84 亿 kW·h,较 2020 年增加了 392.30 亿 kW·h,同比增长 11.44%,与燃煤发电相比,核能发电相当于减少燃烧标准煤 11 558.05 万 t,减少排放二氧化碳 30 282.09 万 t、二氧化硫 98.24 万 t、氮氧化物 85.53 万 t。核电发电量持续增长,为保障电力供应安全和节能减排作出了重要贡献。

在核电安全生产方面,我国核电始终坚持贯彻"安全第一、质量第一"的方针和追求卓越的工作态度,将核安全置于最优先的地位。通过一体化推进核安全文化建设、设备可靠性管理、群厂经验反馈、大修优化、人员绩效提升等各项管理活动,机组安全运行业绩得到持续提高。2021 年 12 月,我国核电满足 WANO 综合指数计算条件的 22 台机组中,有 19 台机组 WANO 综合指数达到满分 100,综合指数平均值达到 99.51,创历史新高。

目前有关部门正在制订包括新一轮核电发展中长期规划、"核安全与放射性污染防治'十四五'规划及 2035 年远景目标"和"我国核能年度发展与展望(2020)"等相关政策,预计未来核能发展安全监管和科技创新力度将进一步加大。在 2021 年 1 月 30 日,"华龙一号"全球首堆-中核集团福清核电 5 号机组投入商业运行,标志着我国在三代核电技术领域跻身世界前列,成为继美国、法国、俄罗斯等国之后真正掌握三代核电技术的国家。目前国内外在建及已经获批准的"华龙一号"机组多达 14 台,居世界三代机组技术量产数前列。在 2021 年的政府工作报告中明确提出将积极有序发展核电,可预见我国核电产业在未来将迎来一个新的发展机遇期和更广阔发展空间,有望每年核准 6~8 台,万亿级投资市场待开启。

尽管如此,我国核电比例仍远远低于世界平均水平,核电发展仍然面临诸多问题:

(1)三代核电经济性下降。福岛核事故发生后,国务院明确了"按照全球最高安全要求新建核电项目,新建核电机组必须符合三代安全标准"等核电发展原则和要求。由于采用了非能动安全系统、抗大飞机恶意撞击等安全改进措施,目前三代核电机组造价显著高于二代改机组,以 AP1000、华龙一号为主要代表的三代核电项目的建成价预计将达到 16 000~18 000 元/kW 之间,较二代机组的出现明显上涨。投资成本上涨直接推升了核电的发电成本,降低了核电在市场上的相对竞争力。

(2)配套支撑产业仍存短板。我国已具备较强的核燃料循环前段能力,但由于技术引进成本高、规模效应发挥不显著、企业管理机制不灵活等客观原因,我国核燃料产品在生产成本、劳动生产率等方面均与国外领先企业存在差距。此外,我国核电装备制造所需的部分关键材料还没有实现自主化,部分关键核心技术仍然受制于人。

(3)燃料循环后端能力有待提升。妥善解决乏燃料处理问题是核电可持续发展的重要保障。核工装备作为核工业的配套支撑产业,也作为燃料循环后端处理的重要组成部分,其需求量也会伴随着核电建设得到巨大的增幅。生态环境部 2021 年重点工作任务为"协助推进核电废物处置,推动历史遗留核设施退役治理",这也为核工装备产业带来了巨大的发展机遇。

10.6.2　方案设计

1) 废树脂处理系统(90KPM)

废树脂处理系统(90KPM)包括一套废树脂运输设备和位于 T4UKT 内的固定式废树脂处理设备。在 T4UKT 对废树脂/活性炭采用锥形干燥器烘干工艺处理,烘干后的废物装入 200 L 钢桶并封盖,封盖后的 200 L 钢桶送到买方范围内的设施接收。

废树脂/活性炭由运输槽车从核岛厂房运送到 T4UKT 的废树脂运输车间,由 T4UKT 内的废树脂接收泵将槽车中的废树脂/活性炭吸出并泵送到厂房内的废树脂接收槽,需要进行处理时,再将废树脂接收槽内混合均匀的废物经计量后送入锥形干燥器烘干。

废树脂处理设备(90KPM)的运行主要包含了废树脂及废活性炭的接收、计量、转运、烘干、装桶、废物桶的转运、取封盖、废气收集处理、冷凝液收集处理等流程,此外还包含了过程中对湿树脂、干树脂、不凝气和冷凝液的取样功能等。

2) 蒸残液处理系统(90KPN)

蒸残液处理系统(90KPN)包括一套蒸残液运输设备和一套位于T4UKT 内的固定式蒸残液处理设备。蒸残液处理系统对蒸残液/泥浆采用桶内烘干工艺处理,烘干处理完成后,将装有烘干盐的 200 L 钢桶封盖后(与 90KPM 共用封盖设备)送到买方范围内的设施接收。

蒸残液/泥浆处理流程如下:蒸残液/泥浆由运输槽车(买方范围)从核岛厂房运送到 T4UKT 的蒸残液运输车间,由 T4UKT 内的蒸残液接收泵(买方范围)将槽车中的蒸残液/泥浆吸出后,泵送到厂房内的蒸残液接收槽(我方范围)。需要进行处理时,蒸残液接收槽内混合均匀的物料经计量后分批送入 200 L 钢桶内烘干。

蒸残液处理设备包括烘干前蒸残液/泥浆、烘干后蒸残液/泥浆、烘干产生冷凝液的取样装置;蒸残液处理设备的取样装置单独设置,不与废树脂处理设备共用。冷凝液和烘干前蒸残液的单次取样量为 50~200 mL,取样容器应为通用的标准化容器。蒸残液处理设备设置烘干产生的不凝结气体的取样口,并提供配套的取样方案,取样方案安全、合理。

蒸残液的最大含硼量可达 $40\,000 \times 10^{-6}$,接收时的温度不超过 70 ℃,对蒸残液处理相关的设备、阀门、管道等设置保温和伴热,防止蒸残液结晶;其中每台蒸残液接收槽均具有将物料自动控制在 50~55 ℃范围的功能。蒸残液/旋流器泥浆含有较多盐分和固态小颗粒杂质,蒸残液/泥浆输送过程中设置防止堵塞的措施。

3) 干废物处理系统(90KPG)

干废物处理系统(90KPG)包括一套位于 T4UKT 内的干废物处理设备,用于对干废物(废弃的布、塑料、橡胶、木头、金属小部件等杂项废物)、通风过滤器芯和表面剂量率≤2 mSv/h 的(水)过滤器芯等进行处理。首先对废物进行分拣,可压实干废物和可直接超级压实干废物装入 160 L 钢桶,其中可压实干废物需进行初级压实;不可压实废物装入 200 L 钢桶。潮湿的废物应烘干后再进行压实,尺寸不合适的金属件需进行剪切等预处理。装有可压实和可直接超级压实废物的 160 L 废物桶在超级压实机压实成桶饼,桶饼经优选后装入 200 L 钢桶,后续进行水泥固定;装有不可压实废物的 200 L 钢桶直接进行水泥固定处理。

4)固体废物转运和水泥固定系统(90KPD)

固体废物转运和水泥固定系统(90KPD)用于对 T4UKT 厂房内的废物和钢桶进行转运并对装有过滤器芯和干废物的 200 L 钢桶进行水泥固定处理。

固体废物转运设备主要用于钢桶的转运,包括空钢桶接收和运输、装有废物的钢桶接收和运输、水泥固定后的 200 L 钢桶暂存和养护。

水泥固定设备用于对超压桶饼、不可压干废物和废过滤器芯进行水泥固定处理,包括物料计量与输送、水泥浆制备与排料、设备清洗、必要的钢桶自动取封盖设备等,水泥固定的包装容器为 200 L 钢桶。水泥固定设备和相关房间应重点防范粉尘危害,满足 GBZ 2.1—2019《工作场所有害因素职业接触限值》中第 1 部分:化学有害因素要求。

5)控制系统

控制系统可实现在 T4UKT 集中控制室采用集中控制系统(即仪控系统)平台对废树脂处理系统(90KPM)、蒸残液处理系统(90KPN)、干废物处理系统(90KPG)、固体废物转运和水泥固定系统(90KPD)进行集中控制和监测,必要时可设置就地控制盘或控制器。

视频监视系统包括用于工艺过程监测用高清摄像头和闭路电视系统。视频监视系统包括必要的废树脂输送管道视镜监视用摄像机(设有照明装置)、工艺操作(如废物桶辊道输送)和监测辅助摄像机等。摄像设备包括支架,需满足工作环境要求,能够长期在相应辐照环境下工作(更换周期不小于 2 年),设备便于维修和更换。

控制系统应采用先进的分布式数字化控制系统,选型要求抗干扰能力强、系统受部件故障影响最小、可进行在线更换 I/O 模块。控制柜(盘)应满足"就地盘箱柜通用技术规格书"的要求,应采用不小于 3 mm 厚的钢板制造,柜门应有导电门封垫条,以提高抗射频干扰(radio frequency interference, RFI)能力,对于需要散热的电源装置,应提供排气风扇和内部循环风扇。操作人员可通过控制系统实现远程操作和监视,控制系统操作员站布置在 T4UKT 厂房集中控制室。

6）废物跟踪系统

废物跟踪系统用于监测和记录 T4UKT 内规定范围内的各类空桶、桶饼和废物包的信息，包括必要的打码、扫码识别、监视摄像头等设备和数据库。

废物跟踪系统能够对各类空桶进行编码和打码，具有对空桶、桶饼和废物包的数据（如废物包编号、废物种类、桶饼高度、减容因子等）进行采集、存储、生成报表，以及导入、导出的功能，实现对 T4UKT 内废物流的跟踪，便于买方的运行管理。废物跟踪系统应与买方范围的废物桶检测设备建立必要的接口，保证对 T4UKT 厂房内废物跟踪功能的实现。废物包在废物暂存库中的储存位置、储存日期和备注等信息能手动录入，也能将相关数据的文件导入到废物跟踪系统。

废物跟踪系统应对 T4UKT 内的固体废物进行跟踪，数据库应便于输入、查询和输出，可对废物数据进行分析后生成相关报表和图形。废物跟踪系统在 T4UKT 的集中控制室进行监视和控制。

废物跟踪系统用于监测和记录 T4UKT 内各类空桶、桶饼和废物包的信息，包括必要的打码、扫码识别、监视摄像等设备和数据库。废物跟踪系统的总体要求是能够及时、准确跟踪 T4UKT 内的废物信息，满足电厂废物管理要求。

废物跟踪系统具有对空桶、桶饼和废物包的数据（如废物包编号、废物种类、桶饼高度、减容因子等）进行采集、存储、生成报表和导入、导出的功能，实现对 T4UKT 的废物流全程跟踪，便于买方的运行管理。废物跟踪系统应与买方范围的废物桶检测等设备需建立的接口，保证对 T4UKT 厂房内废物跟踪功能的实现。装有烘干废树脂和干燥盐的 200 L 钢桶在废物暂存库需要装入高完整性混凝土（high-integrity concrete，HIC），废物跟踪系统应可以输入和导入 HIC 相关信息，并实现 HIC 与相应 200 L 钢桶信息的关联。废物包在废物暂存库中的储存位置、储存日期和备注等信息能手动录入，也能将相关数据的文件导入到废物跟踪系统。

废物跟踪系统应对 T4UKT 内的固体废物进行跟踪，数据库应便于输入、查询和输出，可对废物包数据进行分析后生成相关报表和图形。废物跟踪系统在 T4UKT 的集中控制室进行监视和控制。

7）材料选择和结构

所有与工艺流体相关的材料应能承受所处理流体的腐蚀与冲刷腐蚀，并满足设备使用寿命的要求。卖方可以在获得买方许可的情况下，根据设备的工作环境选用材料。

材料应符合 GB 标准、NB 标准、ASME 标准或 DIN 标准的要求，当采用的国外标准与相关 GB 标准、NB 标准冲突时，应书面报买方认可。如采用其他规范或标准，应论证其与 GB 标准、NB 标准、ASME 标准或 DIN 标准的等效性，在买方同意后采用。

管嘴、接管和起吊环应该由与部件主体相同的材料制成。备件的材料应与原件遵循相同的要求。电线、电缆的绝缘材料选用低烟、无卤、阻燃型，线缆及接头不允许使用聚氯乙烯（polyvinyl chloride，PVC）材料。

10.6.3　项目实施

1）核电站管路系统

（1）金属膨胀节。金属膨胀节主要应用于循环水系统、安全壳喷淋系统等核电站核岛、常规岛各主要系统，是核电站主要系统及系统间管道连接件的核心组成部分。利用公司在补偿元件的研制生产能力和人才优势，完成膨胀节在役检测、使用故障分析及处理等技术的研发，实现产品＋服务的模式转变。

（2）金属软管。金属软管主要指运用于核电站、核反应堆、核设施等涉核领域的软管，由于其应用领域的特殊性，与其他软管有明显的区别。研发针对第三代核电技术应用的金属软管，完善核电软管的试验基地，为产业化打下基础。

（3）金属保温层。金属保温层主要用于核岛容器、管道。该产品已成功研制并实现销售。以第三代核电机组的引进及使用为契机，进一步提升金属保温层的研制能力和试验能力，逐步替代德国 KAEFER、美国 TRANSCO、英国 DARCHEM 等产品在国内机组上的使用，全面实现金属保温层的产业化。

2）核电站应急系统

核电站应急系统是保障核电站紧急状态下安全运行的重要措施，公司研发"应急补水系统""厂用气体储存及分配系统设备",以及其他系统的连接配套产品。通过自主研发或产学研开发,实现核电站应急系统的智能化、远程控制,进一步完善并提升公司核电站应急系统全套解决方案。

3)核电站三废处理系统

进一步改进并完善废树脂屏蔽转运装置、废树脂锥形干燥装置、小型热泵蒸发装置等产品,完善公司三废处理系统试验场所的建设,研制开发超级压实机、初级压实机、桶内干燥器、十二桶干燥器等三废处理装备,探索压实打包等项目集成开发,初步形成完整的三废处理设备解决方案。

10.6.4 运行维护

针对以下几类设备,提出针对性的维护和解决措施。

1)废树脂接收计量设备

(1)管路堵塞。废树脂转运过程中,管路堵塞是最容易发生和出现的状况。系统设计时已经采取方法,尽量规避管路堵塞情况的发生,一旦出现,可以按照如下方案进行应对:

① 管路堵塞后,关闭下游入口阀门,打开循环管线阀门,使树脂返回接收槽或转运槽车。启动树脂接收泵或树脂输送泵,使用泵的压力将树脂管路进行疏通,之后再进行树脂的转运操作。

② 根据系统工艺设计,调整阀门开闭顺序,反向启动树脂转运泵,使管道内的树脂和水反向流入树脂接收槽或转运槽车。

原则上采用以上两种方法一定可以将管路疏通成功。

(2)接收槽树脂出口堵塞。启动接收槽应急排放口,采用顶部抽吸方法抽吸树脂接收槽内的物料。之后调整阀门顺序,使用除盐水反冲洗接收槽排料口。

(3)接收槽脱水口过滤器堵塞。调整阀门顺序,使用除盐水反冲洗接收槽过滤器。

(4)失电。在丧失电源的事件中,气动控制系统的电磁阀自动复位,处于安全位置。压缩空气气路切断,气流无法流通,所有气动阀门复位于初始状态。所有电动执行元件(如电机等)全部停止动作,系统停止运行。所有气动隔膜泵(012PO、022PO)气路被切断,泵停止运行。

（5）失气。在丧失气源的事件中，所有气动阀门自动恢复至初始状态，无法打开或关闭，系统停止运行。所有气动隔膜泵压头丧失，短时间内会自动停机。

（6）失去除盐水。管路及设备无法清洗，但不会导致系统停机。

（7）设备故障。

① 树脂输送泵 011PO/021PO 软管破裂。故障一旦发生，泵自动停止，系统转运过程结束，直到设备维修完毕。启动冗余泵，继续完成树脂转运流程。

② 冲排水泵 051PO/061PO 软管破裂。故障一旦发生，泵自动停止，冲排水过程结束，直到设备维修完毕。启动冗余泵，继续完成冲排水流程。

③ 排水泵 012PO/022PO 故障。故障一旦发生，排水过程自动停止，直到设备维修完毕。启动冗余泵，继续完成排水流程。

④ 搅拌器 011AG/021AG 故障。故障一旦发生，搅拌器 011AG/021AG 自动停止，树脂应切换至另一个接收槽（021BA/011BA）进行树脂接收。将有故障的搅拌器所在的接收槽内的树脂排空，启动搅拌器检修流程。

（8）仪控失效。

① 液位指示器故障。当液位计发生故障，过载保护液位开关起作用，防止液位超标。一旦高高液位开关触发，系统直接自动停止运行。

② 压力传感器故障。当压力传感器发生故障，过压保护失去作用。一旦压力超标，系统安全泄放装置打开，保护系统安全。

③ 接收槽出口法兰堵塞。一旦树脂接收槽出口法兰堵塞，需启动应急排料回路作为常规操作。树脂接收槽设置有应急排放管路 0114/0124。当应急排放时，需启用管路上的应急排放阀门 114VS/124VS。

2）锥形干燥器及装桶装置

（1）管路堵塞。

① 管路堵塞后，关闭锥形干燥器入口阀门，打开循环管线阀门，使树脂返回接收槽。启动树脂输送泵，使用泵的压力将树脂管路进行疏通，之后再进行树脂的转运操作。

② 根据系统工艺设计，调整阀门开闭顺序，反向启动树脂转运泵，使管道内的树脂和水反向流入树脂接收槽。

(2) 干燥器脱水口过滤器堵塞。调整阀门顺序,使用除盐水反冲洗干燥器内的脱水过滤器。

(3) 失电。在丧失电源的事件中,气动控制系统的电磁阀自动复位,处于安全位置。压缩空气气路切断,气流无法流通,所有气动阀门复位于初始状态。所有电动执行元件(如电机等)全部停止动作,系统停止运行。所有气动隔膜泵(082PO、073PO、083PO)气路被切断,泵停止运行。

(4) 失气。在丧失气源的事件中,所有气动阀门自动恢复至初始状态,无法打开或关闭,系统停止运行。所有气动隔膜泵压头丧失,短时间内会自动停机。

(5) 失去除盐水。管路及设备无法清洗,但不会导致系统停机。

(6) 失去冷却水。在丧失冷冻水的事件中,冷凝器(071CS/081CS)不能正常工作。水蒸气若不能完全冷凝,将会对高效过滤器产生不利的影响,并使锥形干燥器内的压力升高。通过仪表073MT、074MT、075MT,可检测出是否丧失冷冻水供应。

锥形干燥器运行时,要求冷冻水供应不能中断;锥形干燥器安全关停时,也要求冷冻水稳定供应。冷冻水缺失不会导致自动停机,需要手动停机直到系统修复。

(7) 失去氮气。在丧失氮气的事件中,锥形干燥器及顶部过滤器无法吹扫,影响设备安全,干燥过程停止。

(8) 高效过滤器关停。一旦高效过滤器停止工作,真空泵(071PO/081PO)无法排气至高效过滤器,锥形干燥器停止运行。

(9) 设备故障。

① 搅拌器故障。一旦旋转轨道臂或者螺旋搅拌器发生故障,通过启动"干燥器排空程序"将锥形干燥器内的树脂排空。首先锥形干燥器内的压力设置为大约950 mbar,避免放射性物质从锥形干燥器释放到环境中。为此,启动真空泵,将排气阀设置在一定开度,同时通过干燥器内部压力仪表连续控制通气阀的开度。然后打开除盐水供给阀向干燥器内部加入除盐水,打开紧急疏排阀以及除水泵,利用除水泵将锥形干燥器机组内的废树脂/水混合物转送至的废树脂接收槽内。

② 热油单元故障。热油单元发生故障,系统干燥流程停止,待热油单

元维修完毕,系统可以再次启动运行。热油单元维修过程中,搅拌器持续运行。

③ 真空泵(071PO/081PO)故障。真空泵发生故障,系统干燥流程停止,待设备维修完毕,系统可以再次启动运行。真空泵维修过程中,搅拌器持续运行。

④ 除水泵(073PO/083PO)故障。除水泵发生故障,除水流程停止,干燥器及管路清洗流程停止。待设备维修完毕,流程可以再次启动运行。

⑤ 冷凝液泵(072PO/082PO)故障。冷凝液泵发生故障,冷凝液排放流程停止,待设备维修完毕,流程可以再次启动运行。

⑥ 装填头物位传感器故障。一旦物位传感器发生故障,200 L 钢桶装填过程停止,待物位传感器维修完毕后,流程可以再次启动。

(10) 仪控失效。

① 液位指示器故障。当连续式液位计发生故障,过载保护液位开关起作用,防止液位超标。一旦高高液位开关触发,系统直接自动停止运行。

② 压力传感器故障。当压力传感器发生故障,过压保护失去作用。一旦压力超标,系统安全泄放装置打开,保护系统安全。

③ 温度传感器故障。当温度传感器发生故障,系统运行需要手动停止,直到设备检修完毕,保护系统安全。

3) 废物桶运输设备

(1) 失电。辊道运行自动停止,同时仪表和电气控制会停止运行。备用电机也无法运行。提升装置停止运行。屏蔽门、单轨吊车停止运行。

(2) 电机故障。辊道运行自动停止,解耦合,启用备用(冗余)电机,将200 L 钢桶转运出系统,电机检修完毕后可重新启动。系统运送高放射性物料的辊道段均配备有冗余电机。

(3) 链条失效。失效段的辊道运行自动停止,人工将废物桶移出失效段,利用其他段运输辊道将 200 L 钢桶转运出系统,链条检修完毕后可重新使用。

(4) 仪控失效。

① 辊道定位器故障。当辊道系统接近开关或光电开关发生故障,冗余开关起作用,仪控系统报警,系统运行自动停止。辊道设置机械限位,防止

钢桶从辊道掉落。

②其他定位器故障。仪控系统报警,系统运行停止,直到设备检修完毕。

4）200 L 钢桶取封盖设备

（1）失电。系统停止运行并保持在当前位置。

（2）失气。如果没有足够的气压供系统运行,加盖装置无法工作,加盖装置可以通过水平单轨吊运送系统运送至检修位置,直至恢复压空供应。

（3）电机故障。系统停止运行并保持在当前位置。

（4）仪控失效。仪控系统报警,系统运行停止,直到设备检修完毕。

5）高效过滤器及碘吸附装置

（1）失电。如果丧失电源,空气加热器和径流式风机将会停止运行,同时阀门关闭。所有的电气和控制系统将关停。当电力供应恢复时,高效过滤器不会自动运行,须手动重新启动。

（2）失气。一旦丧失压缩空气,高效过滤器不会停止运行。如失去压缩空气供给,高效过滤器元件再清洗装置将不能工作。在这种情况下,过滤器元件一段时间之后将被灰尘阻塞（阻塞程度取决于进口废气的灰尘含量）。在元件被阻塞前,高效过滤器能够正常运行。如果压降达到限值,高效过滤器不能继续运行。此时系统必须停止运行,直至更换了过滤器元件或压空供应恢复可用于清洗过滤器元件。

（3）失去冷却水。如丧失冷冻水,空气冷却器不能在规定参数下运行。进口废气的温度不能有效地降低,且不能有效去除废气中的水汽。这将导致高效过滤器机组入口废气湿度较高。

高效过滤器机组只能在入口废气湿度低于过滤器元件所允许的最大湿度下工作。但是,也可以通过提高空气加热器的功率来提高进气的温度,使其高于正常温度（必须低于高效过滤器元件的最高工作温度 80 ℃）,从而降低废气的相对湿度。

（4）元件受潮。当高效过滤器元件由于进气的湿度过高而受潮时,高效过滤器子系统必须停止运行,因为湿度太高会影响安全过滤器并且导致高效过滤器失去其去除灰尘和气溶胶的能力。这可以通过仪表 PDT101 和 PDT102 来检测。受潮的高效过滤器元件必须进行更换。

（5）安全过滤器灰尘阻塞。当安全过滤器被灰尘阻塞时，说明主高效过滤器元件已损坏。仪表 PDT102 检测到安全过滤器上的压差高于 600 Pa 时，安全过滤器即已被灰尘阻塞。在这种情况下，高效过滤器必须停止运行并更换损坏的高效过滤器元件和阻塞的安全过滤器。

（6）仪控失效。仪控系统报警，系统运行停止，直到设备检修完毕。

10.6.5　流程再造

加大与中国核工业集团、中国广核集团有限公司、国家电力投资集团公司等三大核电集团公司开发与合作力度，通过产学研合作开发和自主研发，坚持以"抓机遇、提能力、谋发展"的发展思路，加快对核工装备领域全面拓展。抓机遇，以现有核工装备、专利技术和专业能力为依托，抓住核工业大力开展基础建设的机遇，突破基本盘。提能力，通过机遇期的开发突破，打造核工装备核心技术，完善技术体系、产品体系，形成核心高端装备的研制开发能力。谋发展，通过技术引领，形成核工装备相关技术的衍生拓展，谋求在环保领域、服务领域、智能化改造领域的全面发展。

围绕重点市场领域，完善提升原有产品品质，巩固原有市场份额；开展新产品科技创新，实现核工装备自动化、智能化、模块化、集成化，满足市场新需求。

四代核电、核聚变堆等代表先进核能系统的发展趋势和技术前沿，目前大部分都在试验堆阶段，公司可提前进行布局：国家在各试验堆上投入科研经费较多，公司产品的进入可作为公司的一个经济增长点；公司产品的提前进入可帮助试验堆产品定型，为后期商用堆型建立公司的品牌优势和技术壁垒。

1）建立健全技术体系

深入实施创新驱动战略，完善技术创新体系，发挥创新牵引作用。以核工业大力发展基础建设为契机，以打造核心技术为牵引，通过合作开发和自主研发，加强技术引进和转化，开展核工装备技术体系建设，形成产品全生命周期服务能力；同时通过系统集成商身份，借鉴国内外先进技术经验，着力新技术在传统核心零部件中的应用，提升整体设备智能化、自动化程度；结合公司环保装备等其他领域相关技术需求，逐步形成高端装备技术体系，拓展手套箱、主从机械手、电随动控制系统等相关产品和技术在更广泛领域的应用。

重点培育及巩固废固处理技术、废液处理技术、水泥固化技术、灌铅技术、大型结构件制造及现场施工技术等应用基础技术。

重点突破辐射仿真技术、过程仿真技术、辐射防护技术、中高放转运技术、自动对接及密封技术、清洗去污技术、工业机器人控制技术、拆解技术、等离子体焚烧技术、微波焚烧技术、玻璃固化技术、电随动远程控制技术等关键共性技术和前沿引领技术;以及核化工设备系统集成技术、核非标自动化智能化设备及系统集成技术。

2) 开展检测实验能力建设,打造国内领先的核废料处理实验室

开展乏燃料回收/处理试验验证能力建设,通过中国核能行业协会的验收认证,形成乏燃料回收/处理系统试验能力,为后续乏燃料回收/处理领域打下基础;

(1) 利用产学研,进行屏蔽技术能力研究,形成大型灌铅工艺能力,为大型核原料/废料运输装置的研制提供保障。

(2) 开展等离子焚烧实验室建设,进行等离子火炬更换、炉渣回收等核心技术攻关,为形成自主知识产权的等离子焚烧系统提供保障。

(3) 持续开展在线监测技术研究,打造远程监控/控制能力,形成核领域工业 APP 和自主软件著作权。

(4) 以市场需求为导向,打造完善核工装备系列化产品。重点打造核化工设备系统、核非标自动化智能化装备及系统、热室、手套箱、屏蔽储存容器、中高放转运设备、等离子焚烧设备、玻璃固化设备、机械手等产品体系。

(5) 重点布局核聚变反应堆、高温气冷堆、快中子堆、钍基熔盐堆等配套产品领域。

参考文献

［1］ 何玺,何波.数字化车间建设研究与实践［J］.智能制造,2019(5)：
　　　54－57.

［2］ 宋喆.工业互联网背景下数字化车间的建设与应用［J］.现代工业经
　　　济和信息化,2021,11(4)：84－85,90.

［3］ 张新军,常小明.工业机器人生产数字化车间系统架构设计［J］.现代
　　　制造技术与装备,2022,58(11)：112－114.

［4］ 黄俊俊.互联网时代的数字车间发展［J］.新型工业化,2021,11(4)：
　　　20－21.

［5］ 曹文峰.基于精益生产管理的工厂 MES 研究［J］.智慧中国,2023
　　　(6)：70－71.

［6］ 聂洁净,张红艳,周磊,等.仓储管理系统(WMS)在企业仓储管理中
　　　的应用［J］.中国石油和化工标准与质量,2019,39(1)：61－62.

［7］ 郝凝辉,刘晓天.智能交互时代设计赋能智能制造创新发展路径研究
　　　［J］.包装工程,2023,44(12)：39－48.

［8］ 张明超,孙新波,王永霞.数据赋能驱动精益生产创新内在机理的案
　　　例研究［J］.南开管理评论,2021,24(3)：102－116.

［9］ 冯立杰,贾依帛,岳俊举,等.知识图谱视角下精益研究现状与发展趋
　　　势［J］.中国科技论坛,2017(1)：109－115,128.

［10］ 朱华炳,王龙,涂学明,等.基于 ECRS 原则与工序重组的电机装配线
　　　生产线平衡改善［J］.机械设计与制造,2013(1)：224－226,229.

［11］ 李航,刘冉,曲子灵.采用 AGV 物料搬运系统的复杂生产线布局优
　　　化模型与算法［J］.工业工程与管理,2020,25(5)：103－112.

[12] Jaafari A. Management know-how for project feasibility studies[J]. International Journal of Project Management，1990，8（3）：167 - 172.

[13] Mukherjee M，Roy S. Feasibility studies and important aspect of project management［J］. International Journal of Advanced Engineering and Management，2017，2（4）：98 - 100.

[14] Guo K，Zhang L. Multi-objective optimization for improved project management：Current status and future directions[J]. Automation in Construction，2022（139）：104256.

[15] Prashar A. Adopting PDCA（Plan-Do-Check-Act）cycle for energy optimization in energy-intensive SMEs［J］. Journal Of Cleaner Production，2017，145（1）：277 - 293.

[16] Nsafon B E K，Butu H M，Owolabi A B，et al. Integrating multi-criteria analysis with PDCA cycle for sustainable energy planning in Africa：Application to hybrid mini-grid system in Cameroon[J]. Sustainable Energy Technologies And Assessments，2020（37）：100628.

[17] 钱和,王周平,郭亚辉.食品质量控制与管理[M].北京：中国轻工业出版社,2020.

[18] 姜路.基于 KPI 和神经网络的离散制造车间绩效评价[D].大连：大连理工大学,2015.

[19] Delbrügger T，Meißner M，Wirtz A，et al. Multi-level simulation concept for multidisciplinary analysis and optimization of production systems[J]. The International Journal of Advanced Manufacturing Technology，2019，103（9 - 12）：3993 - 4012.

[20] 王进.我国质量管理的发展历程及企业采用 ISO9000 质量管理体系的重要意义[J].中小企业管理与科技（上旬刊）,2017(8)：21 - 23.

[21] 李新民,王志国,吴玉江.从"质量第一"到"顾客满意第一"[J].中国质量,2015(10)：26 - 28.

[22] Manders B，Vries H J，Blind K. ISO 9001 and product innovation：

A literature review and research framework［J］. Technovation，2016，48(49)：41－55.

［23］ 程虹，许伟.质量创新战略：质量管理的新范式与框架体系研究［J］.宏观质量研究,2016,4(3)：1－22.

［24］ 张智勇.IATF16949 五大工具最新版一本通［M］.机械工业出版社，2017.

［25］ Gemma F. Which key performance indicators are most effective in evaluating and managing an in vitro fertilization laboratory? ［J］. Fertility and Sterility，2020,14(1)：9－15.